现代建筑工程
施工技术探究

周宜峰 / 主编

延边大学出版社

延 吉

图书在版编目（CIP）数据

现代建筑工程施工技术探究 / 周宜峰主编 . -- 延吉：
延边大学出版社 , 2023.7
　　ISBN 978-7-230-05226-9

　　Ⅰ . ①现… Ⅱ . ①周… Ⅲ . ①建筑施工－施工技术
Ⅳ . ① TU74

　　中国国家版本馆 CIP 数据核字（2023）第 137969 号

现代建筑工程施工技术探究

主　　编：周宜峰
责任编辑：张艳秋
封面设计：文合文化
出版发行：延边大学出版社
社　　址：吉林省延吉市公园路 977 号　　　邮　编：133002
网　　址：http://www.ydcbs.com　　　　　E-mail：ydcbs@ydcbs.com
电　　话：0433-2732435　　　　　　　　传　真：0433-2732434
印　　刷：天津市天玺印务有限公司
开　　本：787 毫米 × 1092 毫米　　1/16
印　　张：12.25
字　　数：200 千字
版　　次：2023 年 7 月第 1 版
印　　次：2024 年 3 月第 2 次印刷
书　　号：ISBN 978-7-230-05226-9

定　　价：58.00 元

前　言

21世纪，我国在经济、信息、科技、文化方面均进入高速发展的时期，建筑业也同样获得了迅速发展。目前，全国各地已经建造了无数个具有重大意义的工程，如超高层建筑、装配式建筑等。建筑施工技术更是在科研攻关中取得了卓有成效的进步。

建筑工程施工技术是研究建筑工程各主要分部、分项工程的施工规律、施工方法和施工工艺的一门应用学科。它在培养建筑工程施工人员综合应用专业知识，增强其对工程施工实际问题的处理能力等方面，具有十分重要的作用。同时，有助于培养建筑工程施工人员根据工程具体条件选择科学、合理的施工方案和运用先进新技术的能力，达到安全、高效、文明施工的目的。

建筑施工技术涉及面广，综合性、实践性强，其发展日新月异，相关建筑工程从业人员只有时刻关注建筑行业的新技术、新知识，才能在行业内站稳脚跟。因此，现代建筑行业从业者应不断学习，在实践中提升自身的建筑施工技术水平和管理能力。

本书主要介绍了建筑工程施工的基本理论，并对土方工程施工技术、桩基础工程施工技术等进行了论述，内容包括基坑挡土支护技术、降水与排水技术、混凝土预制桩施工、钻孔灌注桩施工、灌注桩后注浆技术、钢筋工程及其施工技术等。此外，还对绿色建筑工程施工技术、BIM技术与建筑施工技术应用展开了研究。本书结构合理，内容翔实，希望能为建筑行业业内人员知识技能的提升提供一定的帮助。

　　本书在编写的过程中,参考了多种规范、著作、论文及网络资料,引用了大量的实际工程案例,但由于笔者自身水平有限,书中难免存在不足之处,诚望广大读者提出宝贵意见,给予批评指正。

目录
CONTENTS

第一章 建筑工程施工基本理论

第一节 建筑测量与定位放线

工程测量贯穿于建筑工程的设计施工、管理、竣工验收等各个阶段中,是确保工程质量和工程进度的重要工作之一。它的主要任务是:建立施工控制网;建筑各平面轴线的定位与放线;各层轴线的投测与竖向控制;各层高程的传递与抄平;变形观测与竣工测量等。

一、建筑测量的常用仪器

(一)水准仪

水准仪是能够精确提供一条水平视线的仪器,其主要功能是测量两点之间的高差,但不能直接测量待定点的高程H。水准仪按其构造的不同分为微倾式水准仪、自动安平水准仪和电子水准仪。按其精度由高到低,又分为DS05、DS1和DS3三个等级。其中,"D"为大地测量仪器的总代码,"S"为"水准仪"汉语拼音的第一个字母,后面的数字是指该水准仪所能达到的每千米往返测高差平均值的中误差(单位:mm)。其中,DS3型水准仪称为普通水准仪,用于国家三、四等水准测量及一般工程水准测量;DS05和DS1型水准仪称为精密水准仪,用于国家一、二等水准测量及其他精密水准测量。

水准仪在建筑工程中的主要功能是标高测量和高程传递测量。例如,控制网基准点标高测量、沉降观测、门窗洞及室内装饰工程的高程传递测量等。

(二)经纬仪

经纬仪的主要功能是测量两个方向之间的水平夹角 β 或竖直角 α;辅以水准尺,并利用视距测量原理,还可以测量两点间的水平距离 D 和高差 h。经纬仪按构造原理的不同分为光学经纬仪和电子经纬仪。按其精度高低,又分为 DJ07、DJ1、DJ2 和 DJ6 四个等级。其中,"D"为大地测量仪器的总代码,"J"为"经纬仪"汉语拼音的第一个字母,后面的数字指的是该经纬仪所能达到的一测回方向观测的中误差。

经纬仪的主要功能是测量纵、横轴线(中心线)以及垂直度的测量控制等。例如,建筑物平、立面控制网的测量,厂房柱安装垂直度测量以及设备安装全过程测量等。

(三)全站仪

随着大规模集成电路的推广应用,单体的测距仪和电子经纬仪已逐步为全站仪所取代。全站仪,全称为全站型电子速测仪。它将光电测距仪、电子经纬仪和微处理器合为一体,具有对测量数据自动进行采集、计算、处理、存储、显示和传输的功能,不仅可以完成测站上所有的距离、角度和高程测量,以及三维坐标测量、点位的测设、施工放样和变形监测,而且可用于控制网的加密、地形图的数字化测绘及测绘数据库的建立等。

全站仪在测站上一经观测使用,必要的观测数据(如斜距、竖直角、水平角等)均能自动显示,而且几乎是同一瞬间内便可得到平距、高差、点位坐标等数据。通过传输接口把全站仪采集的数据与计算机连接起来,配以数据处理软件和绘图软件,即可实现自动化测量。全站仪主要应用于建筑工程平面控制网的测设、安装控制网的测设,以及建筑安装过程中水平距离的测量等。

(四)激光准直(铅直)仪

激光准直(铅直)仪是一种比光学经纬仪更为先进的精密测量仪器。其主要功能除具有光学经纬仪的功能之外,还可进行精度较高的角度坐标测量和定向准直测量等。在建筑工程中,主要应用于大直径、长距离、回转型设备、同心度的找正测量,以及高塔体、高塔架安装过程中同心度的测量控制。

二、平面控制网

现代建筑平面、立面形式变化较多,结构形式复杂,施工测量难度大,特别是竖向投点精度要求高。因此,在施工前必须建立施工控制网,以便在基础、结构、装饰等各施工阶段做好测量定位及复测工作。建立施工控制网对提高测量精度也有很大作用。

施工控制网的建立应考虑施工全过程,包括打桩、基坑支护、土方开挖、地下室施工、主体结构施工、裙房及辅助用房施工、装饰工程等,应保证控制网在各施工阶段均能发挥作用。此外,施工控制网的标桩还应设在施工影响范围之外,特别应设在打桩、挖土等影响区外,以防止标桩破坏,保证测量的精度。

施工控制网一般包括平面控制网及高程控制网两类。前者多采用建筑方格网、多边形网和建筑基线等;后者则采用水准网。在此先介绍平面控制网的相关知识。

(一)平面控制网的布设

1. 布设原则

平面控制的建立,可采用卫星定位测量、导线测量、三角形网测量等方法。平面控制网的布设应遵循下列原则:

(1)首级控制网的布设应因地制宜,且适当考虑发展;当与国家坐标系统联测时,应同时考虑联测方案。

(2)首级控制网的等级,应根据工程规模、控制网的用途和精度要求合理确定。

（3）加密控制网可越级布设或同等级扩展。

2.布设要点

（1）施工平面控制网的形式应根据建筑总平面图、建筑场地的大小和地形、施工方案、桩位的保护等因素综合考虑。

（2）应在便于施测、使用和长期保留的原则下，尽量组成平行于建筑物主要轴线的闭合图形，以便校核。

（3）控制网中应包括场地定位依据的起始点和起始边，建筑物的主要轴线，主要几何中心点，直径方向，切线方向，电梯井的主要轴线和施工分段轴线等。

（4）控制线的间距以30～50m为宜，控制点之间应通视良好。

（5）控制桩的顶面标高应略低于场地设计标高，桩底应低于冰冻层，以便长期保留。

（二）平面控制网的坐标系选择

平面控制网的坐标系统，应在满足测区内投影长度变形不大于2.5cm/km的要求下，作下列选择：

（1）采用统一的高斯投影3°带平面直角坐标系统。

（2）采用高斯投影3°带，投影面为测区抵偿高程面或测区平均高程面的平面直角坐标系统。

（3）小测区或有特殊精度要求的控制网，可采用独立坐标系统。

（4）在已有平面控制网的地区，可沿用原有的坐标系统。

（5）厂区内可采用建筑坐标系统。

高斯投影假设有一椭圆形柱面横套在地球椭球体外，并与中央子午线相切，椭圆柱的中心轴线通过椭球体中心，然后用一定的投影方法，将中央子午线两侧一定经差范围内的地区投影到椭圆柱面上，再将此柱面展开，即为投影面。在投影面上，中央子午线和赤道的投影都是直线，以中央子午线和赤道的交点O作为坐标原点，以中央子午线的投影为纵坐标X轴，以赤道的投影为横坐标Y轴，即为高斯投影。

为了解决投影带来的长度变形，即针对高斯投影"离中央子午线越远,变形越大"的特点,国际上普遍采用投影分带的方法。把地球360°经度按6°或3°进行分割,这样整个地球就有多条中央子午线,任何一点都不会因离中央子午线太远而产生过大变形。用3°划分后的投影带,称为高斯投影3°带。

(三)平面控制网施测

1.建筑方格网

建筑方格网又称矩形网。通常用于按正方形或矩形布置的建筑群或大型、高层建筑场地。建筑方格网轴线与建筑轴线平行或垂直。因此,可用直角坐标法进行建筑物的定位,放样较为方便,且精度较高。

(1)建筑方格网的主要技术要求

建筑方格网的主要技术要求详见表1-1。

表1-1 建筑方格网的主要技术要求

方格网等级	边长(m)	测角中误差	边长相对中误差	仪器分级	总测回数
1级	100~300	±5″	≤1/30 000	1级、2级精度	4
2级	100~300	±8″	≤1/20 000	2级精度	2

(2)其他要求

建筑方格网的首级控制,可采用轴线法或布网法。当采用轴线法时,轴线宜位于场地中央,与主要建筑物轴线平行;长轴线上的定位点,不得少于3个;轴线点的点位中误差,不应大于5cm;放样后的主轴线点位,应进行角度观测,检查直线度;测定交角的测角中误差,不应超过2.5″;直线度的限差,应在180°±5″以内;轴线交点,应在长轴线丈量全长后确定;短轴线应在长轴线定向后测定,其测量精度应与长轴线相同,交角的限差应在90°±5″以内。当采用布网法时,应增测对角线的三边网格,其测量精度应满足:平均边长≤2km,测距中误差≤20mm;测距相对中误差<1/100 000。

2.多边形网格

对于非矩形的建筑场地,可按其主轴线的情况,布置成多边形平面控制网。场地内有两套或多套轴线时,宜选其公共点,以组成一套共用的平面控制网。此外,多边形网格的测设方法与导线网的测量方法相同,其精度与同等级的导线要求一致。

(1)导线网的设计、选点与埋设

导线网的布设原则:①导线网用作测区的首级控制时,应布设成环形网,且应联测2个已知方向。②加密网可采用单一附合导线或结点导线网的形式。③结点间或结点与已知点间的导线应布设成直线形状,相邻边长不宜相差过大,网内不同环节上的点也不宜相距过近。

导线点位的选定:①导线点位应选在土质坚实、稳固可靠、便于保存的地方,视野应相对开阔,便于加密、扩展和寻找。②相邻点之间应通视良好,其视线距障碍物的距离不宜小于1.5m。③当采用电磁波测距时,相邻点之间视线应避开烟囱、散热塔、散热池等发热体及强电磁场。④相邻两点之间的视线倾角不宜过大。⑤充分利用旧有控制点。

(2)平面控制点标志及标石的埋设规格

二、三、四等平面控制点标志,可采用金属等材料制作。一、二级平面控制点及三级导线点、埋石图根点等平面控制点标志,可采用ϕ14~20mm、长度为30~40cm的普通钢筋制作,钢筋顶端应锯有十字标记,距底端约5cm处应弯成钩状。二、三等平面控制点标石规格及埋设结构图,柱石与盘石间应放1~6cm厚粗砂,两层标石中心的最大偏差不应超过3mm。四等平面控制点可不埋设盘石,但柱石高度应适当增加。

3.建筑基线

在不便于布置成建筑方格网或闭合多边形的场地,可测设一条长轴及若干条与其垂直的短轴线,或平行于建筑物的折线,常称为建筑基线。各轴线间不一定组成闭合图形,是一种不甚严密的施工控制。建筑基线的布设是根据建筑物形状、场地地形等因素确定的。常用的形式有十字形、L形、T形等。

三、高程控制网

高层建筑施工中水准测量的工作量很大,因而周密地布置高程控制水准点,建立高程控制网,对结构施工、立面布置及管道敷设的顺利进行具有重要意义。

施工场地高程控制网常采用水准测量的方法建立。高程控制测量的精度等级依次划分为二、三、四、五等,各等级高程控制宜采用水准测量,四等及以下等级可采用电磁波测距三角高程测量,五等也可采用GPS拟合高程测量。高程控制网可分为首级网和加密网两级布设,相应的水准点称为基本水准点和施工水准点。首级高程控制网的等级,应根据工程规模、控制网的用途和精度要求合理选择。首级网应布设成环形网,加密网应布设成附合路线或结点网。高程控制点间的距离,一般地区应为1~3km,工业厂区、城镇建筑区应小于1km,但一个测区及周围至少应有3个高程控制点。

（一）基本水准点

基本水准点主要用来检核其他水准点是否变动,其位置应设在不受施工影响,无震动,不受地面下沉影响,便于施测和能永久保存的地方,桩底应低于冰冻层。一般至少应埋设三个基本水准点,布设成闭合水准路线,其闭合差应小于 $\pm5mm\sqrt{n}$（n 为测站数）或 $\pm20mm\sqrt{L}$（L 为测线长度,单位:km）。

（二）施工水准点

施工水准点用来直接测设建筑物的高程。为了测设方便和减少误差,水准点应靠近建筑物,通常可设置在平面控制网点的桩顶钢板上,焊一个小半球体作为水准点之用。高层建筑物附近至少要设置3个栋号水准点或 ±0.000 水平线;一般建筑物附近应设置2个栋号水准点或 ±0.000 水平线。所有施工水准点应布设成闭合或附合水准路线,其精度不得低于五等水准测量的要求。

四、建筑物平面轴线放线

（一）一般建筑物主轴线测量

主轴线是建筑物细部位置测设的依据。施工前,应在整平后的建筑场地上测设出建筑物的主轴线。建筑物主轴线的定位条件一般有两种：一是根据现有建筑物或构筑物定位；二是利用建筑红线、建筑方格网、施工控制网等定位。

1.根据现有建筑物测设主轴线

在现有建筑群内新建或扩建建筑物时，设计图上通常会给出拟建建筑物与现有建筑物或道路中心线的位置关系数据，拟建建筑物的主轴线可根据给出的位置关系数据在现场测设。

2.根据建筑红线测设主轴线

在城市建设中，城市规划部门会给设计或施工单位规定新建建筑物的边界位置，这种由城市规划部门批准并经测定的具有法律效力的建筑物位置边界线，称为建筑红线。

3.根据建筑方格网测设主轴线

在施工现场有建筑方格控制网时，可根据建筑物各角点的坐标，应用直角坐标法测设主轴线。

4.根据施工控制网测设主轴线

当建筑物附近已经布设以导线与导线网为主要形式的施工控制网时，可根据建筑物各角点的坐标，应用极坐标法或角度交会法测设主轴线。

(二)常见异形平面建筑物放线

1.采用经纬仪时的放线方法

常见异形平面建筑物轴线采用经纬仪时，其放线方法与上述一般矩形建筑物平面放线以及根据施工控制网测设主轴线的方法一致。首先，根据所需放样轴线特征点的坐标进行坐标反算。然后，采用极坐标法或角度交会法测设该点，将所有轴线特征点在实地放样后，通过墨线依据设计轴线的特征在地面上弹出。

2.采用全站仪时的放线方法

先根据图纸将所需测设轴线上特征点的平面坐标记录下来，输入到全站仪中并编号；后将全站仪安置在事先做好的施工控制网的网点上，精确对中并整平，输入该测站点的平面坐标，并后视控制网上的另一点；通过全站仪上的放样功能，将异形平面轴线上的特征点在实地标记并根据其特征编号；最后，通过墨线将所有特征点依据轴线的实际形状进行连接，即得到该建筑物轴线。

3.圆曲线的测设

近年来，圆形、圆弧形建筑逐渐增多。除建筑物本身为圆形外，有些建筑物的地下车库、车道、旋转餐厅也多为圆弧曲线。现介绍几种投测方法。

(1)圆曲线的要素和主点

对曲线测设起控制作用的点称为主点，包括曲线的起点(ZY)、中点(QZ)和终点(YZ)。为了在实地测设曲线的主点，需要知道切线长 T、曲线长 L 及外矢距 E，这些元素称为主点测设要素。

(2)圆曲线主点的测设

根据建筑场地条件和设计的要求，圆曲线测设主要有以下两种方法：

①根据交点测设。先测设曲线起点(ZY)，安置经纬仪或全站仪，照准后视交点，测设切线长 T，打下曲线起点桩。再测设曲线终点(YZ)，经纬仪或全站仪照准前视交点方向，测设切线长 T，打下曲线终点桩。最后测设两切线间的角平分线方向，测设外矢距 E，打下曲线中点桩。

②根据圆心测设。若圆心和圆心至曲线起点或终点的方向已给出时，可将经纬仪安置在圆心 O 上，测设出圆心角 a，并在此方向上量出半径长 R 的曲线终点(YZ)或起点(ZY)，并实测距离 C，以资校核。再用经纬仪测设出角平分线方向，并沿此方向量出半径长 R，得曲线中点(QZ)。

(3)圆曲线的详测

当地形变化小、曲线长度短时，测设曲线的三个主点已能满足施工需要。如曲线较长、地形变化大，则还需要增测一些点，称为圆曲线的详测。常用的方法有以下两种：

①偏角法。偏角法以曲线起点或终点作为测站，计算出测站至曲线上任一细部点 i 的弦线与切线的夹角 δ_i 和弦长 C_i，据此确定 i 点的位置。

然后,根据需测设细部点之间的曲线长l,计算出其对应的圆心角ψ。

②矢高法。矢高法是利用弦线和矢高测设曲线细部的一种方法。操作时,将曲线起点(ZY)和曲线终点(YZ)测设出后,取这两点的中点得一点A_1;在A_1处测设一直角,量出矢高M,可得曲线中点(QZ);再取曲线起点(ZY)到中点(QZ)的距离的一半可得A点,并在A_1处测设一直角,量出矢高M_1,可得曲线上1/4点,如此继续,直至细部点的间距能满足施工需要为止。

五、建筑物轴线投测

建筑施工到±0.000后,随着结构的升高,需将首层轴线逐层向上竖向投测,作为各层放线和结构竖向控制的依据。对于超高层建筑,结构轴线的投测和竖向偏差控制尤为重要,下面简要概述投测方法。

(一)外控法

当拟建建筑物外围施工场地比较宽阔时,常用外控法,即在高层建筑物外部,根据建筑物的轴线控制桩,使用经纬仪将轴线向上投测,又称经纬仪竖向投测法。

1.外控法分类

(1)延长轴线法

当建筑施工场地四周较为宽阔时,可将原轴线控制桩延长到距建筑物较远的安全地点或附近已建的大楼屋面上,可在轴线的延长线上安置经纬仪,以首层轴线为准,向上逐层投测。

(2)侧向借线法

侧向借线法适用于场地四周范围较小,建筑物四周轮廓线无法延长,但可将轴线向建筑物外侧平行移出的情况。移出的尺寸应视外脚手架的情况而定,并应尽可能不超过2m。

(3)正倒镜逐渐趋近法

正倒镜逐渐趋近法适用于建筑物四周轮廓轴线虽可以延长,但不能在延长线上安置经纬仪的情况。

2. 外控法应用的注意事项

外控法轴线竖向投测应注意以下几点：

（1）投测前，应严格检验与校正经纬仪；操作时，仔细对中并整平，以减少仪器竖轴误差的影响。

（2）采用正倒镜取中法向上投测或延长轴线，可抵消仪器视准轴误差和横轴误差的影响。

（3）轴线控制桩或延长轴线的桩位要稳固，标志要明显，并能长期保存。投测时，应尽可能以首层轴线为准，直接向施工楼层投测，以减少逐层向上投测造成的误差积累。

（4）当使用延长轴线法或侧向借线法向上投测轴线时，宜每5层或10层，用正倒镜逐渐趋近法校测一次，以提高投测精度，减少竖向偏差的积累。

（二）内控法

当施工现场狭小，特别是在建筑物密集的城市市区建造高层建筑时，均需使用内控法。根据建筑物平面图和施工现场条件，在建筑物内部的首层布设内控点，精确测定内控点的位置。内控点宜选在建筑物的主轴线或平行于建筑物的主要轴线上，并便于向上竖向投测的位置。内控法依据垂准线原理进行轴线投测，根据使用仪器的不同分为以下两种方法：

1. 吊锤球线法

通常使用5~10kg重的特制线锤，用0.5~0.8mm的钢丝悬吊。从首层±0.000地面上，以靠近建筑物轮廓的轴线交点为准，直接向施工层悬吊引测轴线。若建筑物过高，则需采用逐层引测的方法，每隔3~5层放一次通线，由下向上直接校测一次。采用吊锤球线法投测时，使用的锤球几何形体要规整，悬挂锤球的钢丝应无扭曲现象。悬吊时要注意防风，或用铅直的塑料管套着线锤。大量实验证明，由下一层向上一层悬吊锤球投测轴线的误差不大于3mm。实测中，如采取的措施得当，此法既经济又简单直观，尤其适合高度较低的建筑物轴线投测。

2.天顶准直法

天顶准直法是使用能测天顶方向的专用仪器,进行轴线竖向投测,常采用的仪器有激光经纬仪、配有90°弯管目镜的经纬仪、激光准直仪、自动天顶准直仪及自动天顶天底准直仪等。

以激光准直仪为例,结合上海某高层住宅楼(18层)内控法轴线投测实例,来介绍天顶准直法的操作步骤。天顶准直法不仅操作简便,且能保证较高的投测精度,一般高层建筑多采用此法进行轴线投测。

天顶准直法的具体实施步骤如下:①在各楼板上的相应位置预留孔洞。②在底层的基准点上架设激光垂准仪,调焦对中后,在施工楼层上的相应预留孔处安放好激光接收板。③打开激光准直仪激光,调整激光大小,直至激光接收板上激光点如针尖般大小后,移动激光接收板,直至激光点与激光接收板上的十字划线吻合。④固定好激光接收板,用红笔在预留孔的四边做好投测点的位置标志,钉上预留孔木板,即已完成一个控制点的引测。⑤待所有控制点投测完毕后,用经纬仪校核,无误后即开始弹线。

六、建筑物高程控制方法

(一)多层建筑物高程控制方法

多层民用建筑施工中,要由下层楼板向上层传递高程,以便使楼板、门窗口、室内装修等工程的高程符合设计要求。高程传递一般可采用以下几种方法进行:

1.采用皮数杆传递高程

在皮数杆上自±0.000标高线起,门窗口、过梁及楼板等构件的高程都已标明,一层楼高程传递完成后,再从第二层立皮数杆,一层一层往上接,就可以把高程传递到各施工楼层。向上接皮数杆时,应检查下层皮数杆是否发生变动。

2.利用钢尺直接丈量

从设在外墙角或楼梯间的±0.000标高线起,用钢尺竖直向上直接丈量,将高程传递上去,然后根据由下面传递上来的高程立皮数杆,作为该层墙身砌筑和安装门窗、过梁及室内装修、地坪抹灰时控制高程的依据。这种传递高程方法的精度优于皮数杆法。

3.吊钢尺法

楼梯间悬吊钢尺(钢尺零点朝下),用水准仪读数,将下层高程传递到上层,传递至第二层楼面的高程 H_2 可根据第一层楼面已知高程 H_1 计算而得。通常来说,用这种方法传递高程的精度较高。

(二)高层建筑物高程控制方法

高层建筑高程传递的目的是根据现场水准点或±0.000标高线,将高程向上传递至施工楼层,作为各施工楼层测设标高的依据。高层建筑的高程传递类似于多层建筑,也有多种方法,事先也需先校测施工现场已知水准点或±0.000标高线。目前,高层建筑的高程传递常采用下列方法:

1.水准仪配合钢尺法

先用水准仪根据现场水准点或±0.000标高线,准确地向上引测出一条起始标高线。

用钢尺沿铅直方向,由各处起始标高线向上量取至施工楼层,并画出正(+)米数的水平线。高差超过一整根钢尺时,应在该楼层精确测定第二条起始标高线,作为再次向上引测的依据。

将水准仪安置在施工楼层上,校测由下面传递上来的各条水平线,误差应在6mm以内。在各施工楼层抄平时,水准仪应后视两条水平线作校核。

2.全站仪配合弯管目镜法

目前,全站仪在建筑施工测量中得到广泛应用,用全站仪配合弯管目镜,在高层建筑高程传递中能直接测出较大的竖向高差值,此法方便、快捷、实用。

(三)建筑物高程控制的注意事项

应对水准仪进行检验与校正,实测时宜保持前后视距相等;钢尺应定期检查,测量时应考虑尺长改正和温度改正(当结构类型为钢结构时,不加温度改正)。当钢尺向上铅直丈量时,应施加标准拉力。

在预制结构施工中,需控制每层的偏差不超限,同时更需控制各层的标高,防止误差累积,而使建筑物总高度的偏差超限。因此,在高程传递至施工楼层后,应根据偏差情况,在下一层施工时,对层高进行适当调整。

为保证竣工时±0.000和各层标高的正确性,在建筑施工期间应进行沉降、位移等项目的变形观测,有关施工期间基坑与建筑物沉降的影响,钢柱负荷后对层高的影响等,应请设计单位和建设单位加以明确。

七、变形观测和竣工测量

高层建筑从基础开挖到工程竣工后相当长一段时间,要对其进行沉降观测、倾斜观测和裂缝观测等,这对验证设计是否合理、检查施工质量是否合格、判断建筑物是否安全等,具有十分重要的意义。

(一)沉降观测

建筑物的沉降观测采用重复精密水准测量的方法,通过观测设置在建筑物上的沉降观测点与水准基点之间的高差变化值来实现。每个工程至少应设立3个稳固可靠的点作为水准基点,观测点应布设在能反映变形特征和变形明显的部位。

目前,我国将沉降观测划分为四个等级:一等适用于变形特别敏感的高层建筑、高耸构筑物;二等适用于变形比较敏感的高层建筑、高耸构筑物;三等适用于一般性的高层建筑、高耸构筑物;四等则用于要求较低的建筑物、构筑物等。

1.精度和观测方法

根据工程的需要,不同的等级有不同的精度要求,其相应的观测方法和限差见表1-2。

表1-2　不同等级的观测方法和限差

等级	垂直位移监测		水平位移监测
	变形观测点的高程中误差(mm)	相邻变形观测点的高程中误差(mm)	变形观测点的点位中误差(mm)
一等	0.3	0.1	1.5
二等	0.5	0.3	3.0
三等	1.0	0.5	6.0
四等	2.0	1.0	12.0

注:变形观测点的高程中误差和点位中误差,是指相对于邻近基准点的中误差。特定方向的位移中误差,可取表中相应等级点位中误差的$1/\sqrt{2}$作为限值。垂直位移监测,可根据需要变形观测点的高程中误差或相邻变形观测点的高程中误差,确定监测精度等级。

2.施工各阶段观测的基本内容

(1)打桩过程中的观测

在建筑物密集区建造高层建筑,打桩、降水等施工过程均会引起土体的位移及隆起,对邻近建筑物产生不同程度的影响,严重时会产生不均匀沉降及裂缝。因此,必须对周围建筑物进行沉降、位移、裂缝、倾斜等变形观测,并针对变形情况采取安全防护措施。

(2)地基回弹观测

高层建筑多为深基坑,开挖后土体会向上回弹。地基回弹观测的方法是在基础底面以下30~50cm处设置标志,进行首次测量;当基坑挖至底面和浇筑混凝土垫层前,再测第二次,即可测得各点的回弹量。

(3)结构施工观测

基础垫层浇筑好后,应立即进行第一次沉降观测,以后每施工一层都需进行一次沉降观测,直至竣工。

(4)竣工后的观测

高层建筑的施工速度快,上部结构不可能立即承受到全部荷载。因此,竣工后仍需进行一段时间的沉降观测,观测的时间间隔可以适当放大,直至稳定为止。

（二）倾斜观测与裂缝观测

建筑物的不均匀沉降，可能导致建筑物的倾斜。其倾斜位移量可通过沉降观测得到的沉降量计算。当建筑物出现裂缝时，除应增加沉降观测的次数外，还应进行裂缝变化的观测。

（三）竣工测量

建筑工程施工中，诸多原因导致设计位置与竣工后的位置不完全一致。为了将竣工后的现状反映到图纸上，为以后运营过程中的管理、维修、扩建、改建和处理事故提供依据，必须进行竣工测量、编绘竣工总图。竣工测量是验收和评价工程质量的基本依据之一，也是建设工程的重要技术资料。

1.竣工总图的编绘

建筑工程项目施工完成后，应根据工程需要编绘或实测竣工总图。竣工总图宜采用数字竣工图。竣工总图应根据设计和施工资料进行编绘，当资料不全无法编绘时，应进行实测。竣工总图的编绘，应收集以下资料：①总平面布置图；②施工设计图；③设计变更文件；④施工检测记录；⑤竣工测量资料；⑥其他相关资料。编绘前，应对所收集的资料进行实地对照检核，不符之处，应实测其位置、高程及尺寸。

竣工总图指在竣工后，施工区域内地上、地下建筑物及构筑物位置和标高等的编绘与实测图纸。具体内容为：地面建（构）筑物、道路、铁路、地面排水沟渠、树木及绿化地等的实际竣工位置和形状；矩形建（构）筑物的外墙角，应注明两个以上点的坐标；圆形建（构）筑物，应注明中心坐标及接地半径；主要建筑物应注明室内地坪标高；道路的起终点、交叉点，应注明中心点坐标和高程；弯道处，应注明交角、半径及交点坐标；路面，应注明宽度及铺装材料；铁路中心线的起终点、曲线交点，应注明坐标；曲线上，应注明曲线的半径、切线长、曲线长外矢距、偏角等曲线元素；铁路的起终点、变坡点及曲线的内轨轨面应注明高程；其他专业图纸，如给水管道、排水管道、动力管道、工艺管道、电力及通信线路等在总图上的绘制，应符合相关要求。

2.竣工总图的实测

竣工总图的实测,宜采用全站仪测图及数字编辑成图的方法。竣工总图建(构)筑物细部点的点位和高程中误差应符合要求。一般从工程一开始,就要逐项、及时、有序地积累各种资料,特别是隐蔽工程,应在填土前或下一步工序前及时测出竣工位置。施工各阶段前进行上一阶段竣工验收、实测竣工资料的收集。整个工程结束后,竣工总图的实测应在已有的施工控制点上进行。对某些已有的重要资料,还要进行实地检测。其允许误差应符合国家现行有关施工验收规范的规定。竣工总图细部点的实测方法及主要技术要求,应按有关规范执行。

第二节　地基处理施工

21世纪,我国城市化的步伐不断加快,土木工程行业得以高速发展。铁路、公路的高速化,城市建设的立体化,以及综合居住条件的改善已经成为我国现代土木工程建设的特征。各类土木工程建设项目对地基施工提出了更高的要求。

土木工程行业的各种建筑物对地基的要求主要包括承载力、变形及地下水渗透问题。地基承载力的要求是指在地基以上的建筑物荷载作用下,地基能够保持稳定。地基变形是指地基以上的建筑物在使用年限范围内,地基不产生导致建筑物难以继续使用的变形。当天然地基不能满足建筑物的上述要求时,需对天然地基进行处理。

一、地基处理方法

在土木工程建设领域中,与上部结构相比,地基建设的不确定因素多,问题复杂,处理不当易导致严重的工程事故。因此,合理选择适宜的地基处理方法尤为重要。目前,地基处理的方法众多,按照加固机理可分为六类:置换法,排水固结法,灌入固化物,振密、挤密,加筋和冷、热处理。本节从适用范围和施工技术的角度出发,详细介绍几种工程中常用的地基处理方法。

(一)置换法

1.换填垫层法

换填垫层法,即将软弱土层或不良土层开挖至一定深度,回填抗剪强度高、压缩性小的岩土材料,如砂石、粉质黏土、粉煤灰、矿渣、土工合成材料等,并分层夯实,形成双层地基。垫层能有效扩散基底压力,提高地基承载力,减小地基沉降。

换填垫层法适用于浅层软弱土层或不均匀土层的地基处理。

2.挤淤置换法

挤淤置换法,即通过抛石或夯击回填碎石置换淤泥达到加固地基的目的,也可采用爆破挤淤置换。挤淤置换法的基本原理是:根据淤泥土及抛填料的物理力学性质,控制抛填荷载的加载形式,并利用必要的爆炸作用,产生附加外部动荷载,使挤淤过程按施工设计进行。

挤淤置换法适用于处理水下淤泥或淤泥质黏土地基,在防护堤及水坝工程中应用较多。

(二)排水固结法

1.堆载预压法

在地基中设置排水通道砂垫层或竖向排水系统(竖向排水系统通常为普通砂井、袋装砂井、塑料排水带等),以减少土体固结排水距离,地基在预压荷载作用下排水固结,从而使地基提前产生变形,地基土强度提高。卸去预压荷载后再建造建(构)筑物,此时地基承载力提高,工后沉降量减小。当预压时间、残余沉降或工后沉降不满足工程要求时,可采取超载预压。超载预压与堆载预压原理相同,不同之处在于超载预压的预压荷载大于设计使用荷载。超载预压不仅可减少施工后固结沉降,还可消除部分施工后次固结沉降。

堆载预压法适用于处理淤泥质土、淤泥、冲填土等饱和黏性土地基。

2.真空预压法

在软黏土地基中设置排水系统,然后在上面形成不透气层(覆盖不透气密封膜或其他密封措施),通过对排水系统进行长时间不间断抽气抽水,在地基中形成负压区,从而使软土地基产生排水固结,达到提高地基承载力,减小工后沉降的目的。

真空预压法的适用范围与堆载预压法相同,但对于塑性指数大于25且含水量大于85%的淤泥,应通过现场试验确定其适用性。加固土层上有覆盖厚度大于5m的回填土或承载力较高的黏性土层时,不宜采用真空预压法加固。

3.真空和堆载联合预压法

当建筑物的荷载超过真空预压的压力,且建筑物对地基变形有严格要求时,可采用真空和堆载联合预压,其总压力宜超过建筑物的竖向荷载。

(三)挤压牢固法

1.压实法

压实法是通过人工或机械压实、碾压或振动,使土体密实,以达到提高地基承载力、减小地基沉降的目的。压实地基是指大面积填土经压实处理后形成的地基,一般密实范围较浅,常用于分层填筑。

压实法有碾压法、夯实法和振动法三种。碾压法是利用机械滚轮的压力压实土壤,使之达到所需的密实度,适用于大面积填土工程;夯实法是利用夯锤自由下落的冲击力来夯实土壤,土体孔隙被压缩,土粒排列得更加紧密,主要用于小面积填土,可以夯实黏性土;振动法是将振动压实机放在土层表面,在压实机振动作用下,土颗粒发生相对位移而达到紧密状态,主要用于压实非黏性土。

2.强夯法

强夯法的基本原理为采用重量为10~40t的重锤从高处自由落下,地基土体在冲击力和振动力的作用下密实。这种加固方法主要适用于颗粒粒径大于0.05mm的粗颗粒土,如砂土、碎石土、粉煤灰、杂填土、回填土、低饱和度的粉土、微膨胀土和湿陷性黄土等,对饱和的粉土无明显加固效果。

3.强夯置换法

强夯置换法的基本原理为边强夯边填碎石,在地基中形成碎石墩体。由碎石墩、墩间土以及碎石垫层形成复合地基,以提高地基承载力,减小沉降。这种方法适用于高饱和度的粉土与软塑流塑的黏性土等对地基变形控制要求不高的工程。

4.挤密法

挤密法利用沉管、冲击、夯扩、振冲、振动沉管等方法在土中挤压,振动成孔,使桩周围土体得到挤密、振实,并向桩孔内分层填料,以达到加固地基的目的。当以消除地基土的湿陷性为主要目的时,宜选用灰土桩或其他具有一定胶凝强度的桩,如二灰(粉煤灰与石灰)桩和水泥土桩挤密法。当以消除地基土液化为主要目的时,宜选用振冲或振动挤密法。

(四)复合地基加固法

复合地基是指天然地基在地基处理过程中部分土体得到增强,或被置换,或在天然地基中设置加筋材料,由基体(天然地基土体)和增强体两部分组成加固区的人工地基。按照竖向增强体材料的不同,复合地基又可分为砂石桩复合地基,水泥土搅拌桩复合地基,旋喷桩复合地基,土桩、灰土桩复合地基,夯实水泥土桩复合地基,水泥粉煤灰碎石桩复合地基,柱锤冲扩桩复合地基和多桩型复合地基。

1.砂石桩复合地基

砂石桩复合地基是指将碎石、砂或砂石挤压入已成的孔中,形成密实砂石增强体的复合地基。砂石桩复合地基,根据成孔的方式不同可分为振冲法、振动沉管法等。根据桩体材料的不同可分为碎石桩、砂石桩和砂桩。碎石桩、砂石桩施工可采用振冲法或沉管法,砂桩施工可采用沉管法。砂石桩复合地基适用于处理松散砂土、粉土、挤密效果好的素填土、杂填土等地基。

2. 水泥土搅拌桩复合地基

水泥土搅拌桩复合地基是指以水泥作为固化剂的主要材料,通过深层搅拌机械,将固化剂和地基土强制搅拌形成增强体的复合地基。水泥土搅拌桩的施工工艺分为浆液搅拌法(简称湿法)和粉体搅拌法(简称干法)。水泥土搅拌桩法适用于加固淤泥、淤泥质土、素填土、软—可塑黏性土、松散—中密粉细砂、稍密—中密粉土、松散—稍密中粗砂和饱和黄土等土层。不适用于含大孤石或障碍物较多且不易清除的杂填土、硬塑及坚硬的黏性土、密实的砂类土,以及地下水渗流影响成桩质量的土层。当地基土的天然含水量小于30%(黄土含水量小于25%)或大于70%时,不应采用干法。寒冷地区冬季施工时,应考虑负温度对处理效果的影响。

水泥土搅拌法用于处理泥炭土有机含量较高或pH值小于4的酸性土、塑性指数大于25的黏性土或在腐蚀性环境中以及无工程经验的地区。采用水泥土搅拌法时,必须通过现场和室内试验确定其适用性。

3. 旋喷桩复合地基

旋喷桩复合地基是指将高压水泥浆通过钻杆由水平方向的喷嘴喷出,形成喷射流,以此切割土体并与土拌和形成水泥土增强体的复合地基。高压旋喷桩根据工程需要和土质条件,可分别采用单管法、双管法和三管法。旋喷桩复合地基适用于淤泥、淤泥质土、一般黏性土、粉土、砂土、黄土、素填土等地基的处理。当土中含有较多大粒径块石、大量植物根茎或有较高含量的有机质时,应根据现场试验结果确定其适用性,一般不宜采用。

4. 土桩、灰土桩复合地基

土桩、灰土桩复合地基是指用素土、灰土填入孔内分层夯实形成增强体的复合地基。土桩、灰土桩复合地基适用于处理地下水位以上的粉土、黏性土、素填土和杂填土等地基,可处理地基的厚度宜为3~15m。当地基土的含水量大于24%且饱和度大于65%时,应通过现场试验确定其适用性。

5.夯实水泥土桩复合地基

夯实水泥土桩复合地基是指将水泥和土按比例拌和均匀,在孔内分层夯实形成增强体的复合地基。夯实水泥土桩复合地基适用于处理地下水位以上的粉土、黏性土、素填土和杂填土等地基,可处理地基的厚度不宜大于10m。

6.水泥粉煤灰碎石桩复合地基

水泥粉煤灰碎石桩复合地基是指由水泥、粉煤灰、碎石等混合料加水拌和形成增强体的复合地基。水泥粉煤灰碎石桩复合地基适用于处理黏性土、粉土、砂土和自重固结完成的素填土地基。对淤泥和淤泥质土,应按地区经验或通过现场试验确定其适用性。

7.柱锤冲扩桩复合地基

柱锤冲扩桩复合地基是指反复将柱状重锤提到高处,使其自由落下冲击成孔,然后分层填料夯实形成扩大桩体,与桩间土组成复合地基的地基处理方法。柱锤冲扩桩复合地基适用于处理地下水位以上的杂填土、粉土、黏性土、素填土和黄土等地基,对地下水位以下的饱和松软土层,应通过现场试验确定其适用性。地基处理深度不宜超过10m,复合地基承载力特征值不宜超过160kPa。

8.多桩型复合地基

多桩型复合地基是指由两种及两种以上不同材料增强体或由同一材料增强体而桩长不同时形成的复合地基。它适用于处理存在浅层欠固结土、湿陷性土、液化土等特殊土,或场地土层具有不同深度持力层以及存在软弱下卧层,地基承载力和变形要求较高时的地基。

(五)注浆加固

注浆加固是将水泥浆或其他化学浆液注入地基土层中,增强土颗粒间的联结,使土体强度提高、变形减少、渗透性降低的加固方法。注浆加固适用于处理砂土、粉土、黏性土和人工填土等地基。根据加固目的可分别选用水泥浆液、硅化浆液、碱液等固化剂。

(六)微型桩加固

微型桩加固是指用桩基机械或其他小型设备在土中形成直径不大于30cm的桩体加固体。微型桩加固适用于新建建筑物的地基处理,也可用于既有建筑物的地基加固。微型桩加固后的地基,当桩与承台整体连接时,可按桩基础设计;不与承台整体连接时,应按复合地基设计。按复合地基设计时,褥垫层厚度不宜大于100mm。微型桩加固按桩型施工工艺,可分为树根桩法、静压桩法、注浆钢管桩法。

1.树根桩法

树根桩法是一种类似树根呈不同方位或直斜交错分布的钻孔桩群。树根桩法适用于淤泥、淤泥质土、黏性土、粉土、砂土、碎石土及人工填土等地基处理,并可应用于已有建筑物地基的加固改造工程中。

2.静压桩法

静压桩法是以建筑物所能发挥的自重荷载或其他荷载作为压桩反力,用千斤顶将桩段从压桩孔内逐段压入土层,再将桩与基础连接在一起,从而形成桩式托换加固。静压桩法适用于淤泥、淤泥质土、黏性土、粉土和人工填土等地基处理。

3.注浆钢管桩法

注浆钢管桩法是在已施工的钢管桩周围进行注浆处理,形成注浆钢管桩的加固地基。该方法适用于桩周软土层较厚、桩侧阻力较小的地基加固处理工程。

二、复合地基

(一)复合地基的本质

对于浅基础而言,基础将荷载直接传递给地基土体。对于桩基础而言,荷载通过基础先传递给桩体,再通过桩体传递给地基土体。而对于复合地基而言,基础先将一部分荷载直接传递给地基土体,其余荷载则通过桩体传递给地基土体。从荷载传递的路径可以看出,复合地基的本质是桩与桩间土体共同直接承担荷载。这也是复合地基与浅基础和桩基础之间最主要的区别。

(二)复合地基的形成条件

对于采用散体材料桩的复合地基而言,在荷载作用下散体材料产生侧向鼓胀变形,能够保证增强体和地基土体共同直接承担上部结构传来的荷载。因此,当采用散体材料桩时,均能满足复合地基的形成条件。但当桩体采用黏结材料时,情况就有所不同了。一般桩体均落在压缩性较好的土层中,开始时桩与桩间土的竖向应力大致按两者的模量分配,但随着土体产生蠕变,荷载会逐渐向增强体上转移,造成桩与桩间的土体难以保证共同直接承担荷载的作用。此时,通常需要在刚性基础上设置柔性垫层,通过垫层协调两者的变形。因此,在复合地基的设计中,应重视分析垫层的变形协调能力,保证桩与桩间土体的共同作用。

(三)复合地基承载力

桩体复合地基承载力的计算思路,通常是先分别确定桩体的承载力和桩间土的承载力,然后根据一定的原则叠加这两部分承载力得到复合地基的承载力。复合地基的极限承载力 P_{cf} 可表示为下式:

$$P_{cf}=k_1\lambda_1 m P_{pf}+k_2\lambda_2(1-m)P_{sf}$$

式中, P_{pf} ——单桩极限承载力(kPa);

P_{sf} ——天然地基极限承载力(kPa);

k_1 ——反映复合地基中桩体实际极限承载力与单桩极限承载力不同的修正系数;

k_2 ——反映复合地基中桩间土实际极限承载力与天然地基极限承载力不同的修正系数;

λ_1 ——复合地基破坏时,桩体发挥其极限强度的比例,称为桩体极限强度发挥度;

λ_2——复合地基破坏时,桩间土发挥其极限强度的比例,称为桩间土极限强度发挥度;

m——复合地基置换率,$m=Ap/A$,其中 Ap 为桩体面积,A 为对应的加固面积。

当复合地基加固区下卧层为软弱土层时,按复合地基加固区容许承载力计算基础的底面尺寸后,尚需对下卧层承载力进行验算。

上式中,桩体极限承载力可通过现场试验确定。如无试验资料,对刚性桩和柔性桩的桩体极限承载力可采用类似摩擦桩的极限承载力计算式估算。散体材料桩桩体的极限承载力主要取决于桩侧土体所能提供的最大侧限力。

(四)复合地基按沉降控制设计

无论按承载力控制设计还是按沉降控制设计,都要满足承载力的要求和小于某一沉降量的要求。按沉降控制设计和按承载力控制设计究竟有什么不同呢? 下面从工程对象和设计思路两个方面来分析。

例如,在浅基础设计中通常先按满足承载力要求进行设计,然后再验算沉降量是否满足要求。如果地基承载力不能满足要求,或验算沉降量不能满足要求,通常要对天然地基进行处理,如在端承桩桩基础设计中,通常按满足承载力要求进行设计。对一般工程,因为端承桩桩基础沉降较小,通常认为沉降可以满足要求,很少进行沉降量验算。上述设计思路是先按满足承载力要求进行设计,再验算沉降量是否满足要求。这种设计思路实际上是目前多数设计人员的常规思路。为了与按沉降控制设计对应,将其称为按承载力控制设计。

按沉降控制设计思路特别适用于深厚软弱地基上的复合地基设计。按沉降控制设计对设计人员提出了更高的要求,应更好地掌握沉降计算理论,总结工程经验,提高沉降计算精度,进行优化设计。按沉降控制设计理念使工程设计更为合理。

(五)水泥土搅拌桩复合地基设计

水泥土搅拌桩复合地基的设计主要是确定置换率、桩长和选择水泥掺入比。

承重水泥土桩在设计时,应使土对桩的支承力与桩身强度所确定的承载力相近,并使后者略大于前者为宜。

承重水泥土桩的单桩容许承载力宜通过单桩荷载试验确定。承重水泥土桩复合地基承载力宜通过复合地基载荷试验确定。承重水泥土桩复合地基承载力宜通过复合地基载荷试验确定。当搅拌桩处理范围以下存在软弱下卧层时,应按现行国家标准《建筑地基基础设计规范》的有关规定,进行下卧层承载力的验算。

(六)预制小方桩设计

在软土地区多层建筑中,有时天然地基的承载力可以满足要求,但往往软弱下卧层的厚度较大或压缩模量很小,导致建筑的沉降量过大,并易发生不均匀沉降。在这种情况下,可采用沉降控制复合桩基。沉降控制复合桩基是桩与承台共同承担外荷载、按沉降要求确定用桩数量的低承台摩擦桩基。沉降控制复合桩基中的桩,宜采用桩身截面边长小于或等于250mm、长细比在80左右的预制混凝土小方桩,故常称为小方桩。

1. 桩长

根据地基土层的组成,应按桩端穿过压缩层范围内高压缩性淤泥质土层的要求选择桩长。

2. 桩身截面

桩长初步确定后,按由桩身强度确定的单桩允许承载力 N_d 与地基土对桩的极限支承力 Q_u 二者数值基本相等的要求,选择桩身截面尺寸。其中,由桩身结构强度确定的单桩容许承载力 N_d(kN)可按下式计算:

$$N_d = (0.2 \sim 0.25) A_p R$$

式中, A_p ——桩身截面面积(m²);

R ——桩身混凝土立方体极限抗压强度(kPa)。

地基土对桩的极限支承力 Q_u(kN)应通过单桩载荷试验确定。试验时,沉桩后间歇时间不宜小于30d。

3.承台设计

承台地面面积及其平面布置,可按以下方法初步确定:

(1)承台面积

按外荷载全部由承台单独承担的假定,由下式初步确定承台底面面积 $A_c(\mathrm{m^2})$:

$$A_c=\frac{F+G}{\eta f}$$

式中,F——作用于承台顶面的竖向荷载(kN);

G——承台和承台上覆土重(kN);

η——经验修正系数,可取1.5~1.7;

f——承台底地基土的容许承载力(kPa)。

(2)承台布置

按上部荷载重心与承台底面形心相重合的原则确定承台底面的平面布置。

4.桩的数量

沉降控制复合桩基的用桩数量可按下列原则确定:

计算假定沉降控制复合桩基下不同桩数的布桩方案时相应的沉降量,以求得桩数与沉降之间的关系,然后根据容许沉降量要求确定实际要求的桩数 n。

一般情况下,可计算以下三种桩数情况下的沉降量,以确定桩数与沉降之间的关系为:①按外荷载全部由桩单独承担的常规桩基设计方法确定的桩数。②按上述常规桩基设计方法确定桩数的1/3。③桩数为零。

当桩数为上述三种桩数之间时,沉降控制复合桩基沉降量可近似按线性插入法估算。若按第一种桩数计算得到的沉降量已大于容许沉降量时,则应重新确定桩长。

5.最终沉降量计算

复合桩基的最终沉降量与桩、承台分担荷载的大小有关,一般可按下面两种情况计算:

（1）外荷载由桩承担

当外荷载小于沉降控制复合桩基中各单桩极限承载力之和时,假定外荷载全部由桩承担,这时复合桩基沉降就应该是桩端至压缩层下限之间土层压缩产生的沉降量,桩的压缩可以忽略。

（2）外荷载由桩、承台共同承担

当外荷载超过沉降控制复合桩基中各单桩极限承载力之和时,桩始终保持承担单桩极限承载力之和的荷载值,而承台则承担外荷载超过单桩极限承载力之和的余下部分,这时沉降控制复合桩基沉降就应该是这两部分荷载共同作用下,从承台底至压缩层下限之间土层压缩产生的沉降量。

6.桩的布置

按上述方法确定的桩数,根据上部荷载重心与桩群形心相重合的原则确定桩的布置。

7.复合桩基承载力

初步确定的承台底面面积及确定的实际所需用桩数量,再按下式验算沉降控制复合桩基的承载力:

$$F+G \leqslant \frac{1}{\xi}(nQ_u+2A_c f)$$

式中,ξ 为沉降控制复合桩基承载力经验系数,可取2.0~2.2,不满足时可调整承台底面面积。

三、水泥土搅拌桩法

（一）定义及适用工程类型

1.水泥土搅拌桩法的定义

水泥土搅拌桩法是加固饱和黏性土地基的常用方法。它利用水泥或石灰等材料作为固化剂,通过特制的搅拌机械,在地基深处就地将软土与固化剂强制搅拌。由固化剂和软土之间所产生的一系列物理-化学反应,使软土固结成具有整体性、水稳定性和一定强度的水泥加固土,从而提高地基强度并减小地基沉降。根据施工方法的不同,水泥土搅拌桩法分为水泥浆搅拌和粉体喷射搅拌两种。前者使用水泥浆和地基土搅拌，后者则用水泥粉或石灰粉和地基土搅拌。

2.技术优点

(1)水泥土搅拌桩法由于将固化剂和原有地基软土就地搅拌混合，最大限度地利用了原土；

(2)搅拌时不会使地基土侧向挤出，对周围原有建筑物的影响较小；

(3)可根据不同地基土的性质及工程设计要求，合理选择固化剂及配方，设计灵活；

(4)施工时无振动、无噪声、无污染，可在市区内和密集建筑群中进行施工；

(5)土体加固后重度基本不变，对软弱下卧层不会产生附加沉降；

(6)与钢筋混凝土桩相比，节省了大量的钢材，并降低了造价；

(7)根据上部结构的需要，可灵活地选择加固形式。

3.适用的工程类型

(1)地基加固：可组成水泥土桩复合地基，提高地基承载力、减少沉降量。如建筑地基加固、高速公路填方路基、厂房内具有地面截载的地坪等。

(2)基坑支护：形成水泥土(石灰土)支护结构，可作为软土层中基坑开挖、管沟开挖或河道开挖的边坡支护结构。

(3)被动区加固：在坡脚处设置水泥土搅拌桩用以加固坡脚，可有效控制基坑整体滑移及坑底隆起，防止底部管涌。

(4)止水帷幕：水泥土搅拌桩加固后的土体抗渗性能好，可作为基坑工程中的防渗帷幕。

(5)其他应用：减少软土中地下构筑物的沉降和振动下沉，防止地基液化。

(二)施工机械及工艺

1.施工机械

目前国内的搅拌机有中心喷浆式和叶片喷浆式两种。中心喷浆式是通过两根搅拌轴中间的中心管喷射出浆液,通过搅拌轴搅拌,使水泥浆和土体充分拌和在一起,对于叶片直径在 1m 以下时,并不影响搅拌的均匀度,而且它可适用多种固化剂,除水泥浆外,还可用水泥砂浆,甚至可掺入工业废料等固化剂。叶片喷浆式是使浆液从叶片上的若干个小孔喷出,使得水泥浆与土体混合较为均匀。此方法适合于大直径叶片或连续搅拌,但因喷浆孔较小,易被堵塞,只适合以纯水泥浆作为固化剂。

在中小型的深层搅拌加固工程中,也常使用单轴深层搅拌机,该类单轴型搅拌机电容量供应一般较小。在软土特别深厚的地区,单轴搅拌桩常达不到地基中相对较硬的土层。此时,需使用深层三轴搅拌机。

2. 施工工艺

第一,搅拌机就位、调平。起重机悬吊搅拌机到达指定桩位对中。当地面起伏不平时,应使起吊设备保持水平。

第二,预搅下沉至设计加固深度。待搅拌机的冷却水循环正常后,启动搅拌机电机,放松起重机钢丝绳,使搅拌机沿导向架搅拌切土下沉。下沉的速度可由电机的电流监测表控制,工作电流不应大于 70A。如果下沉速度太慢,可从输浆系统补给清水,以便于钻进。

第三,边喷浆(粉)、边搅拌提升直至预定的停浆(灰)面。待搅拌机下沉到一定深度时,即开始按设计配合比拌制水泥浆,待压浆前将水泥浆倒入集料斗中。搅拌机下沉到设计深度后,开启灰浆泵,将水泥浆压入地基中,边喷浆边旋转。同时,严格按照设计确定的提升速度提升搅拌机。

第四,重复搅拌下沉至设计加固深度。搅拌机提升至设计加固深度的顶面标高时,集料斗中的水泥浆应正好排空。为使软土和水泥浆搅拌均匀,可再次将搅拌机边旋转边沉入土中,至设计加固深度后,再将搅拌机提升出地面。

第五,根据设计要求,喷浆(粉)或仅搅拌提升直至达到预定的搅拌次数。

第六,清洗。向集料斗中注入适量清水,开启灰浆泵,清洗全部管路中的残存水泥浆,直至基本清洗干净,并将黏附在搅拌头上的软土清洗干净。

第七,移位。关闭搅拌机械,重复上述第一至第六步骤,再进行下一根(组)桩的施工。

在预(复)搅下沉时,也可采用喷浆(粉)的施工工艺,但必须确保全桩长范围至少再重复搅拌一次。对于搅拌桩顶部与上部结构的基础或承台接触的部分,因其受力较大,通常在桩顶1.0~1.5m的范围内再增加一次输浆,以提高其强度。

根据水泥土强度增长机理,只有保证水泥浆与土的混合物被搅拌到一定次数,才能达到较高强度。因此,宜将喷浆过程放在前几次的钻进或提升过程中,给混合后的水泥浆与土留出较多的复搅遍数。但复搅遍数过多会影响施工效率,每点水泥土搅拌20~40次即可。根据目前国内深层水泥土搅拌桩施工经验及桩机机械性能,可采用"两喷两搅"或"两喷三搅"工艺。其中,在第一次钻进与提升过程中喷浆,或者在第一次提升与第二次钻进过程中喷浆。

(三)施工注意事项

水泥土搅拌桩法施工现场事先应予以平整,必须清除地上和地下的障碍物。遇有池塘、洼地时应抽水和清淤,回填土料应压实,不得回填生活垃圾。水泥土搅拌桩施工前应根据设计进行工艺性试桩,数量不得少于3根,多头搅拌不得少于3组。应对工艺试桩的质量进行必要的检验。搅拌头翼片的枚数、宽度、与搅拌轴的垂直夹角、搅拌头的回转数、提升速度应相互匹配,钻头每转一圈的提升(或下沉)量以1.0~1.5cm为宜,以确保加固深度范围内土体的任何一点均能经过20次以上的搅拌。竖向承载搅拌桩施工时,停浆(灰)面应高于桩顶设计标高300~500mm。在开挖基坑时,应将桩顶以上500mm土层及搅拌桩顶端施工质量较差的桩段用人工挖除。施工中,应保持搅拌桩机底盘的水平和导向架的竖直,搅拌桩的垂直偏差不得超过1%;桩位的偏差不得大于50mm;成桩直径和桩长不得小于设计值。

湿法施工时,水泥浆液到达喷浆口的出口压力不应小于10MPa。施工前,应确定灰浆泵输浆量、灰浆经输浆管到达搅拌机喷浆口的时间和起吊设备提升速度等施工参数,并根据设计要求通过工艺性成桩试验确定施工工艺;所使用的水泥都应过筛,制备好的浆液不得离析,泵送必须连续;拌制水泥浆液的罐数、水泥和外掺剂用量以及泵送浆液的时间等,应有专人记录;喷浆量及搅拌深度必须采用经国家计量部门认证的监测仪器进行自动记录;搅拌机喷浆提升的速度和次数必须符合施工工艺的要求,并应有专人记录;当水泥浆液到达出浆口后,应喷浆搅拌30s,在水泥浆与桩端土充分搅拌后,再开始提升搅拌头;搅拌机预搅下沉时不宜冲水,当遇到硬土层下沉太慢时,方可适量冲水,但应考虑冲水对桩身强度的影响。施工时,如因故停浆,应将搅拌头下沉至停浆点以下0.5m处,待恢复供浆时再喷浆搅拌提升;若停机超过3h,宜先拆卸输浆管路,并仔细清洗;壁状加固时,相邻桩的施工时间间隔不宜超过24h;如间隔时间太长,与相邻桩无法搭接时,应采取局部补桩或注浆等补强措施。

干法施工时,喷粉施工前应仔细检查搅拌机械、供粉泵、送气(粉)管路、接头和阀门的密封性、可靠性。送气(粉)管路的长度不宜大于60m。搅拌头每旋转一周,其提升高度不得超过16mm。搅拌头的直径应定期复核检查,其磨耗量不得大于10mm。当搅拌头到达设计桩底以上1.5m时,应立即开启喷粉机提前进行喷粉作业。当搅拌头提升至地面下500mm时,喷粉机应停止喷粉。成桩过程中因故停止喷粉时,应将搅拌头下沉至停灰面以下1m处,待恢复喷粉时,再喷粉搅拌提升。

(四)质量标准

水泥土搅拌桩的质量应进行施工全过程的质量控制。施工过程中,应做施工记录和计量记录,并对照规定的施工工艺对每根桩进行质量评定。检查重点是:喷浆压力、水泥用量、桩长、搅拌头转数和提升速度、复搅次数和复搅深度停浆处理方法等。

水泥土搅拌桩的施工质量检验可采用以下方法:

1.浅部开挖

成桩7d后,可采用浅部开挖桩头进行检查,开挖深度宜超过停浆(灰)面下0.5m。开挖检查仅仅针对浅部桩头,目测检查搅拌的均匀性,量测成桩直径。检查量为总桩数的5%。

2.静力触探

成桩后3d内,可用轻型动力触探检查上部桩身的均匀性。检验数量为施工总桩数的1%,且不少于3根。

3.取芯检验

桩身强度检验应在成桩28d后,用双管单动取样器钻取芯样作搅拌均匀性和水泥土抗压强度检验,检验数量为施工总桩(组)数的0.5%,且不少于6点。钻芯有困难时,可采用单桩抗压静载荷试验检验桩身质量。

4.静荷载试验

对于承受垂直荷载的水泥土搅拌桩,静载荷试验是最可靠的质量检验方法。

对于单桩复合地基载荷试验,载荷板的大小应根据设计置换率确定,即载荷板面积应为一根桩所承担的处理面积,否则应予修正。试验标高应与基础底面设计标高相同。对单桩静载荷试验,在板顶上要做一个桩帽,以保证受力均匀。

载荷试验必须在桩身强度满足试验荷载条件时,并宜在成桩28d后进行。验收检测检验数量为桩总数的0.5%~1%。其中,每单项工程单桩复合地基载荷试验的数量不应少于3根(多头搅拌为3组),其余可进行单桩静载荷试验或单桩、多桩复合地基载荷试验。

四、高压喷射注浆法

(一)定义及适用工程类型

1.高压喷射注浆法的定义

高压喷射注浆法(简称旋喷法)是将带有特殊喷嘴的注浆管,喷射钻进预定深度,然后利用高压(20~40MPa)泥浆泵使浆液以高速喷射冲切土体,使射入的浆液和土体混合,经过凝结硬化,在地基中形成比较均匀且具有高强度的加固体。被加固体的形式与喷射移动方式有关,如喷嘴以一定转速旋转、提升时,则形成圆柱状的桩体;如喷嘴只是提升不旋转,则形成壁状加固体,即定喷;如喷嘴以一定角度往复旋转喷射,则为摆喷。高压旋喷桩施工根据工程需要和土质条件,可分别采用单管法、双管法和三管法。

(1)单管法

单管旋喷注浆法是利用钻机把安装在注浆管(单管)底部侧面的特殊喷嘴,置入土层预定深度后,用高压泥浆泵等装置,以20MPa左右的压力,把浆液从喷嘴中喷射出去,冲击破坏土体,使浆液与土体搅拌混合,经过一定时间的凝固,便在土中形成一定形状的固结体。

(2)双管法

双管法使用双通道的二重注浆管。当二重注浆管钻到预定深度后,通过在管底部侧面的一个同轴双重喷嘴,同时喷射出高压泥浆和空气两种介质的喷射流冲击破坏土体,即以20MPa左右的压力从内嘴中高速喷出浆液,并用0.7MPa左右的压力将压缩空气从外喷嘴喷出。在高压浆液和外圈环绕气流的共同作用下,增大加固体的体积。

(3)三管法

三管法使用三通道分别输送水、空气、浆液的三重注浆管。在以高压泵等高压发生装置产生20~30MPa的高压水喷射流的周围,环绕0.5~0.7MPa的圆筒状气流,进行高压水枪喷射和气流同轴喷射冲切土体,形成较大的空隙,再由泥浆泵注入压力0.5~3MPa的浆液填充,喷嘴做旋转和提升运动,最后在土体中凝结为较大的加固体。

喷射注浆法加固地基的主要优点可综述如下:

①受土层、土的粒径、土的密度、硬化剂黏性、硬化剂硬化时间的影响较小,可广泛适用于淤泥、软弱黏性土、砂土甚至砂卵石等多种土质。

②可采用价格便宜的水泥作为主要硬化剂,加固体的强度较高。根据土质不同,加固桩体的强度可为0.5~10.0MPa。

③可以有计划地在预定的范围注入必要的浆液,形成一定间距的桩,或连成一片桩或薄的帷幕墙;加固深度可自由调节,连续或分段均可。

④采用相应的钻机,不仅可以形成垂直的桩,而且可以形成水平或倾

斜的桩。

⑤可以作为施工中的临时措施,也可以作为永久建筑物的地基加固,尤其是在对已有建筑物地基补强和基坑开挖中,需要对坑底或侧壁加固,侧壁挡水,对邻近地铁及旧建筑物需加以保护时,这种方法能发挥其特殊作用。

2.高压旋喷桩适用的工程类型

(1)增强地基强度

提高地基承载力,整治已有建筑物沉降或不均匀沉降的托换工程。减少建筑物沉降,加固持力层或软弱下卧层。

(2)挡土围堰及地下工程建设

保护邻近构筑物及地下工程;防止基坑底部隆起。

(3)防渗帷幕

地下连续墙等基坑围护结构补缺;河堤水池的防漏及坝基防渗。

(4)增大土体摩擦力和黏聚力

防止小型塌方滑坡;锚固基础。

(二)施工机械及工艺

1.施工机械

施工机械主要由钻机和高压发生设备两大部分组成。由于喷射种类不同,所使用的机器设备和数量均不同。喷嘴是直接显著影响喷射质量的主要因素之一。喷嘴通常有圆柱形、收敛圆锥形和流线形三种。为了保证喷嘴内高压喷射流的巨大能量较集中地在一定距离内有效破坏土体,一般都用收敛圆锥形的喷嘴。流线形喷嘴的射流特性最好,喷射流的压力脉冲经过流线形状的喷嘴,不存在反射波,因而使喷嘴具有聚能的效果。但这种喷嘴极难加工,在实际工程中很少采用。

除了喷嘴的形状影响射流特性外,喷嘴的内圆锥角的大小对射流的影响也比较明显。试验表明:当圆锥角 θ 为 $13°\sim14°$ 时,由于收敛断面直径等于出口断面直径,流量损失很小,喷嘴的流速流量值最大。在实际应用中,圆锥形喷嘴的进口端增加了一个渐变的喇叭形圆弧角,使其更接近于流线形喷嘴,出口端增加一段圆柱形导流孔,当圆柱段的长度与喷嘴直径的比值为4时,射流特征最好。

2.施工工艺

（1）场地整理

先进行场地平整,清除桩位处地上、地下的一切障碍物。不得破坏基坑外的地下连续墙导墙,在进行旋喷施工前先用钻机进行成孔。

（2）测量定位

首先采用全站仪根据高压旋喷桩的里程桩号放出试验区域的控制桩,然后使用钢卷尺和麻线根据桩距传递放出旋喷桩的桩位位置,用水泥钉做好标记,并采用红油漆做好标识,确保桩机准确就位。

（3）桩机就位

采用起重机悬吊桩机到达指定桩位附近,利用桩机底部步履装置,缓慢移动至施工部位,由专人指挥,用水平尺和定位测锤校准桩机,使桩机水平,导向架和钻杆应与地面垂直,倾斜率小于3%。对不符合垂直度要求的钻杆进行调整,直到钻杆的垂直度达到要求。为了保证桩位准确,必须使用定位卡,桩位对中误差不大于5cm。

（4）钻机成孔

桩机准确就位后就可以开钻,记录好开钻时间,钻进时详细记录成孔情况、遇障碍物标高、进出难易程度、时间及土层情况。

（5）旋喷机就位、下注浆管

成孔完成后,移开钻机,而后旋喷机就位,将注浆管下放至设计标高。

（6）浆液配置

高压旋喷桩的浆液,采用普通硅酸盐水泥,由泥浆车自搅拌站运至工地,浇筑完成。

（7）喷射注浆

旋喷作业系统的各项工艺参数都必须按照预先设定的要求加以控制,并随时做好关于旋喷时间、用浆量、冒浆情况、压力变化等的记录。喷射时,先应达到预定的喷射压力、喷浆旋转30s,水泥浆与桩端土充分搅拌后,再边喷浆边反向匀速旋转提升注浆管,直至设计加固标高顶时,停止喷浆。在桩顶原位转动2min,保证桩顶密实均匀。中间发生故障时,应停止提升和旋喷,以防桩体中断,同时立即检查排除故障,重新开始喷射注浆的孔段与前段搭接不小于1m,防止固结体脱节。

(8)冲洗

喷射施工完成后,应把注浆管等机具设备采用清水冲洗干净,防止凝固堵塞。管内、机内不得残存水泥浆,通常把浆液换成清水在地面上喷射,以便把泥浆泵、注浆管和软管内的浆液全部排除。

重复以上操作,进行下一根桩的施工。

(三)施工注意事项

施工前应根据现场环境和地下埋设物的位置等情况,复核高压喷射注浆的设计孔位。高压旋喷桩的施工参数应根据土质条件、加固要求通过试验或根据工程经验确定,并在施工中严格加以控制。单管法及双管法的高压水泥浆和三管法高压水的压力宜大于30MPa,流量大于30L/min,气流压力宜取0.7MPa,提升速度可取0.1~0.2m/min。

高压喷射注浆,对于无特殊要求的工程宜采用强度等级为32.5级及以上的普通硅酸盐水泥,根据需要可加入适量的外加剂及掺合料。外加剂和掺合料的用量,应通过试验确定。水泥浆液的水灰比应按工程要求确定,可取0.8~1.2,常用0.9。

喷射孔与高压泥浆泵的距离不宜大于50m。钻孔的位置与设计位置的偏差不得大于50mm。垂直度偏差不大于1%。实际孔位、孔深和每个钻孔内的地下障碍物、洞穴、涌水、漏水及与岩土工程勘察报告不符等情况,均应详细记录。

当喷射注浆管贯入土中,喷嘴达到设计标高时,即可喷射注浆。在喷射注浆参数达到规定值后,随即按旋喷的工艺要求,提升喷射管,由下而上旋转喷射注浆。喷射管分段提升的搭接长度不得小于100mm。对需要局部扩大加固范围或提高强度的部位,可采用复喷措施。

在高压喷射注浆过程中出现压力骤然下降、上升或冒浆异常时,应查明原因并及时采取措施。高压喷射注浆完毕,应迅速拔出喷射管。为防止浆液凝固收缩影响桩顶高程,必要时可在原孔位采用冒浆回灌或第二次注浆等措施。施工中应做好泥浆处理,及时将泥浆运出或在现场短期堆放后作土方运出。

(四)质量标准

高压旋喷桩可根据工程要求和当地经验采用开挖检查、取芯(常规取芯或软取芯)、标准贯入试验、动力触探载荷试验等方法进行检验,并结合工程测试、观测资料及实际效果综合评价加固效果。

检验点应布置在下列部位:有代表性的桩位;施工中出现异常情况的部位;地基情况复杂,可能对高压喷射注浆质量产生影响的部位。

检验点的数量为施工孔数的2%,并不应少于5点。质量检验宜在高压喷射注浆结束28d后进行。旋喷桩地基竣工验收时,承载力检验可采用复合地基载荷试验和单桩载荷试验。载荷试验必须在桩身强度满足试验荷载条件时,并宜在成桩28d后进行。检验数量为桩总数的0.5%~1%,且每项单体工程不应少于3点。

五、注浆法

(一)定义及适用工程类型

1.注浆法的定义

注浆技术是一项实用性强、应用范围广的工程技术。它的实质是用液压、气压或电化学方法,把某些能凝固的浆液注入岩土体的孔隙、裂隙、节理等软弱结构面中,或挤压土体,使岩土体形成强度高、抗渗性能好、稳定性高的新结构体,从而改善岩土体的物理力学性质。注浆的目的:一是对岩土体起堵漏防渗作用;二是起加固作用。在地基处理中,注浆法根据注浆工艺所依据的理论主要可归纳为四类。

(1)渗透灌浆

在灌浆压力作用下,浆液克服各种阻力而渗入孔隙和裂隙,压力越大,吸浆量及浆液扩散距离就越大。这种理论假定,在灌浆过程中地层结构不受扰动和破坏,所用的灌浆压力相对较小。

(2)劈裂灌浆

在灌浆压力作用下,浆液克服地层的初始应力和抗拉强度,引起岩石或土体结构的破坏和扰动,使地层中原有的孔隙或裂隙扩张,或形成新的裂缝或孔隙,从而使低透水性地层的可灌性和浆液扩散距离增大。这种灌浆法所用的灌浆压力相对较高。

(3)压密灌浆

通过钻孔向土层中压入浓浆,随着土体的压密和浆液的挤入,将在压浆点周围形成灯泡形空间,并因浆液的挤压作用而产生辐射状上抬力,从而引起地层局部隆起,许多工程都利用这一原理纠正地面建筑物的不均匀沉降。

(4)电动化学灌浆

当在黏性土中插入金属电极并通以直流电后,将在土中发生电渗、电泳和离子交换等作用,促使通电区域的含水量显著降低,从而在土内形成渗浆"通道"。若在通电的同时向土中灌注硅酸盐浆液,就能在"通道"上形成硅胶,并与土粒胶结成具有一定力学强度的加固体。

2.适用的工程类型

(1)改善土体的渗透性:防止流砂、钢板桩渗水、坝基漏水和隧道开挖时涌水,以及改善地下工程的开挖条件。

(2)地基加固:提高地基承载力,减少地基的沉降和不均匀沉降。

(3)边坡加固:防止边坡护岸的冲刷,整治塌方滑坡,处理路基病害。

(二)施工机械及工艺

1.施工机械

注浆泵一般采用双液等量泵,因此,检查两种液体能否等量排出非常重要。在城市的房屋建筑中,通常注浆深度在40m以内,而且是小孔径钻孔,所以,使用主轴回转式的油压机性能较好。但若机器不能牢固地固定在地面上,随着注浆深度的加大,钻孔径向的精度将会产生误差,钻头会出现偏离。固定的办法是在地面上铺枕木,用大钉固定,其轨距为钻机底座的宽度,然后将钻机的底座锚固在两根钢轨上。注浆施工机械及其性能见表1-3。

表1-3 注浆施工机械及其性能

设备种类	型号	性能	重量(kg)	备注
钻探机	主轴旋转式 D-2型	旋转速度:160、300、600、1000r/min 钻杆外径:40.5mm 轮轴外径:41.0mm	500	钻孔用
注浆机	卧式二连单管活塞式BGW型	容量:16~60L/min 最大压力:3.62MPa	350	注浆用
水泥搅拌机	立式上下两槽式 MVM5型	容量:上下槽各250L 叶片旋转数:160r/min	340	水泥浆液的配置和混合
化学浆液混合器	立式上下两槽式	容量:上下槽各220L 搅拌容量:20L	80	化学浆液的配置和混合
齿轮泵	KI-6型齿轮旋转式	排出量:40L/min 排出压力:0.1MPa	40	将化学浆液送入混合器
流量、压力仪表	附有自动记录仪电磁式浆液EP	流量计测定范围:40L/min 压力计:3MPa	120	

2.施工工艺

(1)基本工序

造孔→下注浆管→冲洗制浆→灌浆(同时进行检测孔观测)→拔套管→监测孔补灌。

(2)灌浆浆液浓度的调整

一般原则上按照由稀到浓的顺序灌注。灌注过程中,若发现某一浓度的浆液长时间稳定在某一范围,应调浓一级继续灌注;若机械故障或管路出现问题导致灌浆间断,重新灌注时,应用比中断前的浓度降低一级灌注浆液。

(3)压(注)水洗孔

压浆开始前,先放入细水管至注浆管底部,注清水清洗管内沉淀物,并稍加压力使注浆管外壁细粒土随水流溢出地表,避免灌浆时浆液在管壁附近堵塞。以80%最大灌浆压力进行压(注)水洗孔,并做好压水记录,根据压水试验记录计算单位吸水量确定灌浆浓度。

(4)灌浆时间

灌浆过程力求在浆液初凝前完成,由于悬浆液有易于凝固的特点,应尽量控制在较短时间内完成此项工序。

(三)施工注意事项

若出现冒浆、漏浆现象,要根据实际情况采用表面封堵、低压、浓浆、限流、限量、间隙灌浆等方法进行处理。若发现两孔串浆时,先封住一个孔,继续灌注,结束后,再冲洗第二个孔。

若灌浆过程中,因故中断,可采取下列处理措施:①能够及早恢复的,应在进行冲水洗孔后,降低原浓度浆液进行灌注。②如发现中断后的单位时间内注入浆液浓度较中断前大,应加浓灌注。③如中断后的注入率较中断前的注入率明显降低,则应采取扫孔、钻孔或高压冲洗后重新灌浆。

对于流量大、压力低的灌浆过程,灌浆量大时一般采用低压、浓浆、限流、限量及间隙灌浆等方法灌浆。

套管外壁冒浆处理:由于局部地层变化形成浆液上涌通道,套管外侧往往是冒浆的良好出口,且不易封堵。如发现冒浆前兆(冒泡、渗出),即应进行塞堵;当渗出浆液量较大时,采用间歇灌浆处理;若浆液集中渗出,采用混凝土封堵处理无法堵塞时,则应暂停灌浆。

(四)质量标准

1.水泥注浆加固

注浆检验时间应在注浆结束28d后进行。可选用标准贯入、轻型动力触探或静力触探,对加固地层的均匀性进行检测。应在加固土的全部深度范围每隔1m取样进行室内试验,测定其压缩性、强度或渗透性。注浆检验点可为注浆孔数的2%~5%。当检验点合格率小于或等于80%,或虽大于80%但检验点的平均值达不到强度与防渗的设计要求时,应对不合格的注浆区实施重复注浆。

2.硅化注浆加固

硅酸钠溶液灌注完毕,应在7~10d后对加固的地基土进行检验。必要时,尚应在加固土的全部深度内,每隔1m取土样进行室内试验,测定其压缩性和湿陷性。

3.碱液注浆加固

碱液加固施工应做好施工记录,检查碱液浓度及每孔注入量是否符合设计要求。可通过开挖或钻孔取样,对加固土体进行无侧限抗压强度试验和水稳性试验。取样部位应在加固土体中部,试块数不少于3个,28d龄期的无侧限抗压强度平均值不得低于设计值的90%。将试块浸泡在自来水中,无崩解。当需要查明加固土体的外形和整体性时,可对有代表性的加固土体进行开挖,量测其有效加固半径和加固深度。

六、地基加固新方法

(一)MJS工法

1.MJS工法简介

MJS工法,又称全方位高压喷射工法。该工法是在传统旋喷工艺的基础上,通过加入多孔管排泥装置,克服了传统旋喷工艺压力过大,对周围环境影响较大的缺点,形成的一种新型工法。目前,MJS工法的应用相当广泛,已经能够进行水平、倾斜、垂直、超深地基加固和进行围护工程施工。MJS工法的运用成功解决了许多工程难题,很好地保护了上部结构和周边环境的稳定。

2.MJS工法特点

(1)可以"全方位"进行高压喷射注浆施工

MJS工法可以进行水平、倾斜、垂直各方向、任意角度的施工,特别是其特有的排浆方式,使得在富水土层中进行孔口密封的施工安全可行。

（2）桩径大、桩身质量好

MJS工法的喷射流初始压力达40MPa，流量90~130L/min，使用单喷嘴喷射，每米喷射时间30~40min（平均提升速度2.5~3.3cm/min），喷射流能量大，作用时间长，再加上稳定的同轴高压空气的保护和对地内压力的调整，使得MJS工法成桩直径较大，可达2~2.8m。由于直接采用水泥浆液进行喷射，其桩身质量较好。

（3）对周边环境影响小，超深施工有保证

传统高压喷射注浆工艺产生的多余泥浆是通过土体与钻杆的间隙，在地面孔口处自然排出。这样的排浆方式往往造成地层内压力偏大，导致周围地层产生较大变形，地表隆起。同时，使加固深处的排泥比较困难，造成钻杆和高压喷射枪四周的压力增大，往往导致喷射效率降低，影响加固效果及可靠性。MJS工法通过地内压力监测和强制排浆的手段，对地内压力进行调控，可以大幅度降低施工对周边环境的扰动，并保证超深施工的质量。

（4）泥浆污染少

MJS工法采用专用排泥管进行排浆，有利于泥浆集中管理，施工场地干净。同时，对地内压力的调控，也减少了泥浆窜入土壤、水体或地下管道的现象。

（5）可选定改良体截面

MJS工法可以从圆形到扇形的任何角度自由选择改良体截面。

（二）TRD工法

1.TRD工法简介

TRD工法，又称等厚度水泥土地下连续墙工法。TRD工法与传统的单轴或多轴螺旋钻孔机所形成的柱列式水泥土地下连续墙工法不同。TRD工法首先将链锯型切削刀具插入地基，掘削至墙体设计深度，然后注入固化剂，与原位土体混合，并持续横向掘削、搅拌，水平推进，构筑成高品质的水泥土搅拌连续墙。

TRD工法通过动力箱液压马达驱动链锯式切割箱，分段连接钻至预定深度,水平横向挖掘推进,同时在切割箱底部注入固化液,使其与原位土体强制混合搅拌,形成等厚度的水泥土搅拌墙,也可插入型钢以增加搅拌墙的刚度和强度。该工法将水泥土搅拌墙的搅拌方式由传统的垂直轴螺旋钻杆水平分层搅拌,改为水平轴锯链式切割箱沿墙深垂直整体搅拌。

2.TRD 工法特点

(1)安全性高

设备高度仅 10.1m,通过低重心设计,重心高度显著降低,稳定性好,适用于高度有限制的场所。与以往工法相比,机械高度大幅度降低,可实现安全施工。

(2)成墙精度高

可实现优质直线性、垂直性的高精度施工。墙体直线度通过激光经纬仪控制,多段式随钻测斜墙体垂直精度监控装置是目前其他传统工法不可比拟的。

(3)适用于多种地层

对硬质地基(砂砾、泥岩、软岩等)的挖掘能力很强,工期较短,可降低成,适用于软土地层。

(4)成墙质量高

TRD 工法可以实现在垂直方向上全层同时混合搅拌,即便是原地基土质和强度有所不同的土层地基,在深度方向上也可形成强度偏差微乎其微、均匀的墙体。在墙体深度方向上,可保证均匀的水泥土质量,强度高,离散性小,截水性能好。

(5)连续成墙、接缝少

该种方法可使墙体等厚,H 型钢可以最佳间距设置。可实现全层无缝隙连续墙体,止水性很强。

第二章 土方工程施工技术

第一节 概述

土的工程分类是按照土的坚硬程度和施工开挖难易程度来划分的。根据土的坚硬程度和开挖方法及使用工具,我国《建筑安装工程统一劳动定额》里将土分成8类。现将8类工程分类方法与16级地质分类方法综合列于表2-1中。

表2-1 8类工程分类方法与16级地质分类方法

土的类别	土的级别	土的名称	坚实系数 f	密度 (t/m³)	开挖方法及工具
一类土 (松软土)	I	砂土、粉土、冲积砂土层、疏松的种植土、淤泥(泥炭)	0.5~0.6	0.6~1.5	用锹、锄头挖掘,少许用脚蹬
二类土 (普通土)	II	粉质黏土,潮湿的黄土,夹有碎石、卵石的砂,粉土混卵(碎)石,种植土,填土	0.6~0.8	1.1~1.6	用锹、锄头挖掘,少许用镐翻松

续表

土的类别	土的级别	土的名称	坚实系数 f	密度 (t/m³)	开挖方法及工具
三类土 (坚土)	Ⅲ	软及中等密实黏土，重粉质黏土，砾石土，干黄土，含有碎石卵石的黄土，粉质黏土，压实的填土	0.8~1.0	1.75~1.9	主要用镐，少许用锹、锄头挖掘，部分用撬棍
四类土 (砂砾坚土)	Ⅳ	坚硬密实的黏性土或黄土，含碎石卵石的中等密实的黏性土或黄土，粗卵石，天然级配砂石，软泥灰岩	1.0~1.5	1.9	整个先用镐、撬棍，后用锹挖掘，部分用楔子及大锤
五类土 (软石)	Ⅴ~Ⅵ	硬质黏土，中密的页岩，泥灰岩，白垩土，胶结不紧的砾岩，软石灰及贝壳石灰石	1.5~4.0	1.1~2.7	用镐或撬棍、大锤挖掘，部分使用爆破方法
六类土 (次坚石)	Ⅶ~Ⅸ	泥岩，砂岩，砾岩，坚实的页岩、泥灰岩，密实的石灰岩，风化花岗岩，片麻岩及正长岩	4.0~10.0	2.2~2.9	用爆破方法开挖，部分用风镐
七类土 (坚石)	Ⅹ~Ⅻ	大理石，辉绿岩，玢岩，粗、中粒花岗岩，坚实的白云岩、砂岩、砾岩、片麻岩、石灰岩，微风化安山岩，玄武岩	10.0~18.0	2.5~3.1	用爆破方法开挖
八类土 (特坚石)	ⅩⅣ~ⅩⅥ	安山岩，玄武岩，花岗片麻岩，坚实的细粒花岗岩，闪长岩、石英岩、辉长岩、辉绿岩、玢岩、角闪岩	18.0~25.0	2.7~3.3	用爆破方法开挖

注：土的级别相当于一般16级土石分类级别；坚实系数f相当于普氏岩石强度系数。

第二节 基坑挡土支护技术

一、浅基坑(槽)支撑

当开挖基坑(槽)的土体因含水量大而不稳定,或基坑较深,或受到周围场地的限制而需要较陡的边坡或直立开挖土质较差时,应采用临时性支撑加固,基坑每边的宽度应比基础宽100~150mm,以便于设置支撑加固结构。

当开挖较窄的沟槽时常采用横撑式土壁支撑。横撑式土壁支撑根据挡土板的不同可分为以下几种形式:

(一)间断式水平支撑

两侧挡土板水平旋转,用工具或木横撑借木楔顶紧,挖一层土,支顶一层。这种方式适用于保持立壁的干土,要求地下水很少,深度在2m以内。

(二)断续式水平支撑

挡土板水平,并有间隔,挡土板内侧立竖向木方,用横撑顶紧。这种方式适用条件同上,深度在3m以内。

(三)连续式水平支撑

挡土板水平,无间隔,立竖木方用横撑加木楔顶紧。这种方式适用于松散的干土,要求地下水很少,深度在3~5m。

(四)连续式或间断式垂直支撑

连续或间断的挡土板垂直放置。这种方法适用于较松散或湿度很高的土,地下水较少,深度不限。

(五)水平垂直混合式支撑

水平垂直混合式支撑适用于槽沟深度较大,下部有含水层的情况。

二、深基坑挡土支护结构

(一)分类及适用范围

1.支护结构分类

支护结构主要可分为:放坡开挖及简易支护结构、悬壁式支护结构、重力式支护结构、内撑式支护结构、拉锚式支护结构、土钉墙式支护结构和其他支护结构。

2.适用范围

(1)悬臂式支护结构基坑侧壁安全等级宜为一、二、三级;悬臂式结构在软土场地中不宜大于5m;当地下水位高于基坑底面时,宜采用降水、排桩加截水帷幕或地下连续墙。

(2)水泥土重力式结构基坑侧壁安全等级宜为二、三级;水泥土桩施工范围内地基土承载力不宜大于150kPa;基坑深度不宜大于6m。

(3)内撑式支护结构适用范围广,适用各种土层和基坑深度。

(4)拉锚式支护结构较适用于砂土。

(5)土钉墙支护结构基坑侧壁安全等级宜为二、三级的非软土场地;基坑深度不宜大于12m;当地下水位高于基坑底面时,应采用降水或截水措施。

(二)挡土桩

1.挡土桩的布置

悬臂挡土的钢筋混凝土灌注桩,常用桩径为500~1 000mm,由计算确定。形式上可以是单排桩,顶部浇筑钢筋混凝土圈梁。

双排桩悬臂挡墙是一种新型支护结构形式。它是由两排平行的钢筋混凝土桩以及在桩顶的帽梁连接而成。其虽为悬臂式结构形式,但结构组成又有别于单排的悬臂式结构,与其他支护结构相比,具有施工方便、不用设置横向支点、挡土结构受力条件较好等优点。

钢筋混凝土灌注桩作为支护桩的类型,可分为冲(钻)孔灌注桩、沉管灌注桩、人工挖孔灌注桩等。布桩间距视有无防水要求而定。

如已采取降水措施,支护桩无防水要求时,灌注桩可一字排列;如土质较好,可利用桩侧"土拱"作用,间距可为2.5倍桩径。如对支护桩有防水要求时,灌注桩之间可留100~200mm的间隙。间隙之间再设止水桩。止水桩可采用树根桩。有时将灌注桩与深层搅拌水泥土桩组合应用,前者抗弯,后者作防水帷幕起挡水作用。

圆形截面钢筋混凝土桩的配筋形式有两种,一种是将钢筋集中放在受压及受拉区;另一种是均匀放在四周。

2.挡土桩施工

钢筋混凝土灌注桩作为支护结构,它们的施工与工程桩施工相同。

(三)土层锚杆施工

1.锚杆的构造

基坑围护使用的锚杆大多是土层锚杆。基坑周围土层以主动滑动面为界,可分为稳定区与不稳定区。每根锚杆位于稳定区部分的为锚固段,位于不稳定区部分的为自由段。土层锚一般由锚头、拉杆与锚固体组成。

2.锚杆施工

土层锚杆施工包括钻孔、拉杆制作与安装、灌浆、张拉锁定等工序。施工前,需做必要的准备工作。

(1)钻孔

旋转式钻机、冲击式钻机和旋转冲击式钻机,均可用于土层锚杆的钻孔。具体选择何种钻机,应根据钻孔孔径、孔深、土质及地下水情况而定。

国内目前使用的土层锚杆钻孔机具,一部分是土锚专用钻机,另一部分则是经适当改装的常规地质钻机和工程钻机。专用锚杆钻机可用于各种土层;非专用钻机若不能带套管钻进,则只能用于不易塌孔的土层。

钻孔机具选定之后再根据土质条件选择造孔方法。常用的土锚造孔方法有两种:一是螺旋钻孔干作业法。由钻机的回转机构带动螺旋钻杆,在一定钻压和钻削下,将切削下的松动土体顺螺杆排出孔外。这种造孔方法宜用于地下水位以上的黏土、粉质黏土、砂土等土层。二是压水钻进成孔法。土层锚杆施工多用压水钻进成孔法。其优点是将钻孔过程中的钻进、出碴、固壁、清孔等工序一次完成,可防止塌孔,不留残土,软、硬土都适用。

应当注意,土层锚杆钻孔要求孔壁平直,不得坍塌松动,不得使用膨润土循环泥浆护壁,以免在孔壁形成泥皮,降低土体对锚固体的摩阻力。

在砂性土地层,孔位处于地下水位以下钻孔时,静水压力较大,水及砂会从外套管与预留孔之间的空隙向外涌出,一方面造成继续钻进困难;另一方面水、砂石流失过多会导致地面沉降,从而造成危害。为此,必须采取防止涌水涌砂措施,一般采用孔口上水装置,并采用快速钻进、快速接管的方式,入岩后再冲洗。这样既保证成孔质量,又能解决钻进过程中涌水、涌砂的问题。同样,在注浆时,也可采用高压稳压注浆法,用较稳定的高压水泥浆压住流砂和地下水,并在水泥浆中掺外加剂,使之速凝止水。拔外套管到最后两节时,可把压浆设备从高压快速挡改成低压慢速挡,并在浆液中改变外加剂,增大水泥浆稠度,待水泥浆把外套管与预留孔之间空隙封死,并使水泥浆呈初凝状态后,再拔出外套管。

为了提高锚杆的抗拔能力,往往采用扩孔方法扩大钻孔端头。扩孔有四种方法:机械扩孔、爆炸扩孔、水力扩孔、压浆扩孔。目前,国内多采用爆炸扩孔与压浆扩孔。扩孔锚杆的钻孔直径一般在90~130mm,扩孔段直径一般为钻孔直径的3~5倍。扩孔锚杆主要用于松软地层。

(2)拉杆制作及其安装

国内土层锚杆用的拉杆,承载力较小的多用粗钢筋,承载力较大的多用钢绞线。

土层锚杆用的钢拉杆,加工前应首先清除铁锈与油脂。在锚固段内的钢拉杆,靠孔内灌水泥浆或水泥砂浆,并留有足够厚度的保护层来防腐。在无腐蚀性物质环境中,这种保护层厚度不小于25mm;在有腐蚀性物质环境中,保护层厚度不小于30mm。非锚固段内的钢拉杆,应根据不同情况采取相应的防腐措施:在无腐蚀性土层中,只使用6个月以内的临时性锚杆,可不必做防腐处理,一次灌浆即可;使用期在6个月以上2年以内的,须经一般简单的防腐处理,如除锈后刷2~3道富锌漆或铅底漆等耐湿、耐久的防锈漆;对使用2年以上的锚杆,则须做认真的防腐处理,如除锈后涂防锈油膏,并套聚乙烯管,两端封闭,在锚固段与非锚固段交界处大约20cm范围浇注热沥青,外包沥青纸,以隔水。

钢筋拉杆由一根或数根粗钢筋组合而成。如果为数根粗钢筋,则应绑扎或电焊连成一体。钢拉杆长度为设计长度加上张拉长度。为了将拉杆安置在钻孔中心,并防止入孔时搅动孔壁,沿拉杆体全长每隔1.5~2.5m布设一个定位器。粗钢筋拉杆若过长,为了安装方便可分段制作,并采用套筒机械连接法或双面搭接焊法连接。若采用双面搭接焊,则焊接长度不应小于8d(d为钢筋直径)。

(3)注浆

锚孔注浆是土层锚杆施工的重要工序之一。注浆的目的是形成锚固段,并防止钢拉杆腐蚀。此外,压力注浆还能改善锚杆周围土体的力学性能,使锚杆具有更大的承载能力。

锚杆注浆用水泥砂浆,宜用强度等级不低于42.5MPa的普通硅酸盐水泥,其细骨料、含泥量、有害物质含量等均应符合相应规范的要求。注浆常用水灰比0.40~0.45的水泥浆,或灰砂比1:1~1:1.2、水灰比0.38~0.45的水泥砂浆,必要时可加入一定量的外加剂或掺和料,以改善其施工性能以及与土体的黏接。锚杆注浆用水、水泥及其添加剂,应注意氯化物与硫酸盐的含量,以防止对钢拉杆的腐蚀。注浆方法有一次注浆法和两次注浆法两种。

①一次注浆法:用泥浆泵通过一根注浆管自孔底起开始注浆;待浆液流出孔口时,将孔口封堵,继续以0.4~0.6MPa的压力注浆,并稳压数分钟,注浆结束。

②两次注浆法:锚孔内同时装入两根注浆管。注浆管可以用直径20mm镀锌铁管制成。两根注浆管分别用于一次注浆与二次注浆。一次注浆管的管底出口用黑胶布封住,以防沉放时管口进土。开始注浆时,管底孔直径50cm左右,随一次浆注入,一次注浆管可逐步拔出,待一次浆量注完,即予以回收。二次注浆用注浆管,管底出口封堵严密,从管端起向上沿锚固段全长每隔1~2m作一段花管,花管段用黑胶布封口。花管段长度及孔眼间距需要专门设计。一次注浆可注水泥浆或水泥砂浆,注浆压力为0.3~0.5MPa。待一次浆初凝后,即可进行二次注浆。二次注浆压力为2MPa左右,要稳压2min。二次注浆实为壁裂注浆。二次浆液冲破一次注浆体,沿锚固体与土的界面,向土体挤压劈裂扩散,使锚固体直径加大,径向压力也增大,周围一定范围土体密度及抗剪强度均有不同程度增加。因此,二次注浆可显著提高土锚的承载能力。

(4)张拉和锁定

土层锚杆灌浆后,预应力锚杆还需张拉锁定。张拉锁定作业在锚固体及台座的混凝土强度达15MPa以上时进行。在正式张拉前,应取设计拉力值的0.1~0.2倍预拉一次,使其各部位接触紧密,杆体完全平直。对永久性锚杆,钢拉杆的张拉控制应力不应超过拉杆材料强度标准值的0.6倍;对临时性锚杆,不应超过0.65倍。钢拉杆张拉至设计拉力的1.1~1.2倍,并维持10min(在砂土中)或者15min(在黏土中),然后卸载至锁定荷载,并予以锁定。

在土层锚杆工程中,试验是必不可少的。决定土层锚杆承载能力的因素很多,如土层性状、材料性质、施工因素等,而目前的理论还不可能全面考虑这些因素,因此,不可能精确计算土层锚杆的承载力。试验的主要目的是确定锚固体在土体中的抗拔能力,以此验证土层锚杆设计及施工工艺的合理性,或检查土层锚杆的质量。

第三节　降水与排水技术

降水与排水常用方法有明沟排水法和人工降低地下水位法,现分述如下:

一、明沟排水法

(一)明沟排水方法

明沟排水方法系在开挖基坑的一侧、两侧或四侧,或在基坑中部设置排水明(边)沟,在四角或每隔20~30m设一集水井,使地下水流汇集于集水井内,再用水泵将地下水排出基坑外。排水沟、集水井应在挖至地下水位以前设置。

排水沟、集水井应设在基础轮廓线以外,排水沟边缘应离开坡脚不小于0.3m。排水沟深度应始终保持比挖土面低0.4~0.5m;集水井应比排水沟低0.5~1.0m,或深于抽水泵的进水阀的高度以上,并随基坑的挖深而加深,保持水流畅通,地下水位低于开挖基坑底0.5m。一侧设排水沟应设在地下水的上游。一般小面积基坑排水沟深0.3~0.6m,底宽应不小于0.3m,水沟的边坡比为1.1~1.5,沟底设有0.2%~0.5%的纵坡,使水流不致阻塞。较大面积基坑排水,集水、井截面一般为0.6m×0.6m~0.8m×0.8m,井壁用竹笼、钢筋笼或木方、木板支撑加固。至基底以下井底应填充20cm厚的碎石或卵石,水泵抽水龙头应包以滤网,防止泥沙进入水泵。抽水应连续进行,直至基础施工完毕,回填土后才停止。如为渗水性强的土层,水泵出水管口应远离基坑,以防抽出的水再渗回坑内;抽水时,可能使邻近基坑的水位相应降低,可利用这一条件,同时安排数个基坑一起施工。

本法施工方便,设备简单,降水费用低,管理维护较易,应用最为广泛,适用于土质情况较好,地下水不丰富,一般基础及中等面积基础群和建(构)筑物基坑(槽、沟)的排水。

(二)基坑排水计算

1.基坑涌水量计算

地下水渗入基坑的涌水量与土的种类、渗透系数、水头大小、坑底面积等有关,可通过抽水试验确定或实践经验估算,或按大井法计算。

流入基坑的涌水量 $Q(\text{m}^3/\text{d})$ 为从四周坑壁和坑底流入的水量之和,一般按下式计算:

$$Q = \frac{1.366K_s(2H-S)}{\lg R - \lg r_0} + \frac{6.28K_{\delta ro}}{1.57 + \frac{r_0}{m_0}(1 + 1.85g\frac{R}{4m_0})}$$

当含水层为非均质土层时,应采用各分层土壤渗透系数加权平均值,公式为:

$$K = \frac{\sum K_i h_i}{\sum h_i}$$

上两式中,K 为土的渗透系数(m/d);K_i、h_i 为各土层的渗透系数(m/d)与厚度(m);s 为抽水时坑内水位下降值(m);H 为抽水前坑底以上的水位高度(m);R 为抽水影响半径(m);r_0 为假想半径(m)。矩形基坑按其长、短边的比值不大于10,可视为一个圆形大井,其假想半径可按下式估算:

$$r_0 = \eta\frac{a+b}{4}$$

其中,a、b 为矩形基坑的边长(m);η 为系数,可由表2-2查得;m_0 为从坑底到下卧不透水层的距离(m)。

表2-2　系数 η 值

b/a	0	0.2	0.40	0.60	0.80	1.00
η	1.00	1.12	1.14	1.16	1.18	1.18

在选择水泵考虑水泵流量时,因最初涌水量较稳定,且涌水量大,按上式计算出的涌水量应增加10%~12%。

2.水泵功率计算

水泵所需功率 $N(kW)$ 按下式计算：

$$N=\frac{K_1 QH}{75\eta_1\eta_2}$$

其中，K_1 为安全系数，一般取2；Q 为基坑的涌水量(m^3/d)；H 为包括扬水、吸水及由各种阻力所造成的水头损失在内的总高度(m)；η_1 为水泵效率，一般取0.4~0.5；η_2 为动力机械效率，取0.75~0.85。

求得 N，即可选择水泵类型。需用水泵流量也可通过试验求得，在一般的集水井设置口径75~100mm的水泵即可。

二、人工降低地下水位法

深基础或深的构筑物施工，在地下水位以下含水丰富的土层开挖大面积基础时，采用一般的明沟方法排水，常会遇到大量地下涌水，难以排干。当遇粉、细砂层时，还会出现严重的翻浆、冒泥、流沙现象，非但使基坑无法挖深，而且还会造成大量水土流失，使边坡失稳或附近地面出现塌陷，严重影响邻近建筑物的安全。遇有此种情况出现，一般应采用人工降低地下水位的方法施工。

人工降低地下水位常用的方法为各种井点排水法，它是在基坑开挖前，沿开挖基坑的四周，或一侧、两侧埋设一定数量深于坑底的井点滤水管或管井，以总管连接或直接与抽水设备连接，从中抽水，使地下水位降落到基坑底0.5~1.0m，以便在无水干燥的条件下开挖土方和进行基础施工。

（一）主要机具设备

轻型井点系统主要机具设备由井点管、连接管、集水总管及抽水设备等组成。

1.井点管

用直径38~55mm的钢管（或镀锌钢管），长度5~7m，管下端配有滤管和管尖。滤管直径常与井点管相同。长度不小于含水层厚度的2/3，一般为0.9~1.7m。

管壁上呈梅花形钻直径为10~18mm的孔,管壁外包两层滤网,内层为细滤网,采用网眼30~50孔/cm²的黄铜丝布、生丝布或尼龙丝布;外层为粗滤网,采用网眼3~10孔/cm²的铁丝布或尼龙丝布或棕皮。为避免滤孔淤塞,在管壁与滤网间用铁丝绕成螺旋状隔开,滤网外面再围一层8号粗铁丝保护层。滤管下端放一个锥形的铸铁头。井点管的上端用弯管与总管相连。

2.连接管

连接管用塑料透明管、胶皮管或钢管制成,直径为38~55mm。每个连接管均宜装设阀门,以便检修井点。

3.集水总管

集水总管一般用直径为75~100mm的钢管分节连接,每节长4m,一般每隔0.8~1.6m设一个连接井点管的接头。

4.抽水设备

轻型井点根据抽水机组类型不同,分为真空泵轻型井点、射流泵轻型井点和隔膜泵轻型井点。真空泵轻型井点设备由真空泵一台、离心式水泵二台(一台备用)和气水分离器一台组成一套抽水机组。国内已有定型产品供应,见表2-3。

表2-3　真空泵型轻型井点系统设备规格与技术性能

名称	数量	规格与技术性能
往复式真空泵	1台	V₅型或V₆型;生产率4.4m³/min;真空度100kPa,电动机功率5.5kW,转速1450r/min
离心式水泵	2台	B型或BA型;生产率20m³/h;扬程25m,抽吸真空高度7m,吸口直径50mm,电动机功率2.8kW,转速2900r/min
水泵机配件	1套	井点管100根,集水总管直径75~100mm,每节长1.6~4.0m,每套29节,总管上节管间距0.8m,接头弯管100根;冲射管用冲管1根;机组外形尺寸2600mm×1300mm×1600mm,机组质量为1500kg

真空泵轻型井点设备形成真空度高(67~80kPa),带井点数多(60~70根),降水深度较大(5.5~6.0m);但设备较复杂,易出现故障,维修管理困

难,耗电量大,适于重要的较大规模工程降水。射流泵轻型井点设备由离心水泵、射流器(射流泵)、水箱等组成,其设备构造简单,易于加工制造,效率较高,降水深度较大(可达9m),操作维修方便,经久耐用,耗能少,费用低,应用广,是一种有发展前途的降水设备。隔膜泵轻型井点分真空型、压力型和真空压力型。前两种由真空泵、隔膜泵、气液分离器等组成;真空压力型隔膜泵则兼有前两种特性,可一机代二机,其设备也较简单,易于操作维修,耗能较少,费用较低但形成真空度低(56~64kPa),所带井点较少(20~30根),降水深度为4.7~5.1m,适于降水深度不大的一般性工程采用。各种轻型井点配用功率、井点根数和集水管长度参见表2-4。

表2-4　各种轻型井点配用功率、井点根数和总管长度参考表

轻型井点类别	配用功率(kW)	井点根数(根)	总管长度(m)
真空泵轻型井点	18.5~22.0	80~100	96~120
射流泵轻型井点	7.5	30~50	40~60
隔膜泵轻型井点	3.0	50	60

(二)轻型井点施工

1. 井点布置

井点布置根据基坑平面形状与大小、地质和水文情况、工程性质等而定。当基坑(槽)宽度小于6m,且降水深度不超过6m时,可采用单排井点,布置在地下水上游一侧;当基坑(槽)宽度大于6m或土质不良、渗水系数较大时,宜采用双排井点,布置在基坑(槽)的两侧;当基坑面积较大时,宜采用环形井点;挖土运输设备出入道可封闭,间距可达4m,一般留在地下水下游方向。井点管距坑壁不应小于1.0~1.5m,距离太小,易漏气,大大增加了井点数量。间距一般为0.8~1.6m,最大可达2.0m。集水总管标高宜尽量接近地下水位线,并沿抽水水流方向有0.25%~0.5%的上仰坡度,水泵轴心与总管齐平。井点管的入土深度应根据降水深度及含水层所在位置决定,但必须将滤水管埋入含水层内,并且比挖基坑(槽、沟)

底深 0.9~1.2m，井点管的埋置深度可按下式计算：

$$H \geqslant H_1 + h + iL + 1$$

其中，H 为井点管的埋置深度（m）；H_1 为井点管埋设面至基坑底面的距离（m）；h 为基坑中央最深挖掘面至降水曲线最高点的安全距离（m），一般为 0.5~1.0m，人工开挖应取下限，机械开挖取上限；L 为井点管中心至基坑中心的短边距离（m）；i 为降水曲线坡度，与土层渗透系数、地下水流量等因素有关，根据扬水试验和工程实测经验确定，环状式双排井点可取 1/10~1/15，单排线状井点可取 1/4，环状降水可取 1/8~1/10；L 为滤管长度（m）。

计算出 H 后，为了安全，一般再增加 1/2 滤管长度。井点管的滤水管不宜埋入渗透系数极小的土层。在特殊情况下，当基坑底面处在渗透系数很小的土层时，水位可降到基坑底面以上标高最低的一层，渗透系数较大的土层底面。井点管露出地面高度，一般取 0.2~0.3m。

一套抽水设备的总管长度一般不大于 120m。当主管过长时，可采用多套抽水设备。井点系统可以分段，各段长度应大致相等，宜在拐角处分段，以减少弯头数量，提高抽吸能力；分段宜设阀门，以免管内水流紊乱，影响降水效果。

真空泵连接井点造成的真空度，理论上为 101.3kPa，相当于 10.3m 水头高度，但由于管道接头漏气、土层漏气等原因，真空度只能维持在 53.3~66.6kPa，相应的吸程高度为 5.5~6.5m。当所需水位降低值超过 6m 时，一级轻型井点不能满足降水深度要求。一般应采用明沟排水与井点相结合的方法，将总管安装在原有地下水位线以下，或采用二级轻型井点排水（降水深度可达 7~10m），即先挖去第一级井点排干的土，至二级井点标高处；之后在坑内布置埋设第二级井点，以增加降水深度，再挖土，至施工要求的标高。抽水设备宜布置在地下水的上游，并设在总管的中部。

2. 井点施工工艺程序

放线定位→铺设总管→冲孔→安装井点管、填砂砾滤料、上部填黏土密封→用弯联管将井点管与总管接通→安装抽水设备与总管连通→安装集水箱和排水管→开动真空泵排气，再开动离心水泵抽水→测量观测井中地下水变化。

3.井点管埋设

井点管埋设可根据土质情况、场地和施工条件,选择适用的成孔机具和方法。其工艺方法基本都是用高压水冲刷土体,用冲管扰动土壤助冲,将土层冲成圆孔后埋设井点管,只是冲管构造有所不同。

所有井点管在地面以下0.5~1.0m的深度内,用黏土填实,以防止漏气。井点管埋设完毕,应接通总管与抽水设备连通,接头更严密,并进行试抽水,检查有无漏气、淤塞等情况,出水是否正常,如有异常情况,应检修后,方可使用。

4.井点管使用

使用井点管时,应保持连续不断抽水,并备用双电源,以防断电。一般在抽水3~5d后水位降落,漏斗基本趋于稳定。正常出水规律是"先大后小,先浑后清"。如不上水,或水一直较浑,或出现清后又浑等情况,应立即检查纠正。真空度是判断井点系统良好与否的尺度,应经常观测,一般应不低于55.3kPa,如真空度不够,通常是由管路漏气引起,应及时修好。井点管淤塞,可通过听管内水流声、手扶管壁感到振动等简便方法进行检查。如井点管淤塞太多,严重影响降水效果时,应逐个用高压水反复冲洗井点管,或拔出重新埋设。

地下构筑物竣工并进行回填土后,方可拆除井点系统,拔出可借助于倒链或杠杆式起重机,所留孔洞用砂或土堵塞。对地基有防渗要求时,地面下2m应用黏土填实。井点水位降低时,应对水位降低区域内的建筑物进行沉陷观测,发现沉陷或水平位移过大时,应及时采取防护技术措施。

(三)轻型井点计算

轻型井点计算的主要内容包括:根据确定的井点系统的平面和竖向布置图计算单井井点涌水量和群井(井点系统)涌水量,计算确定井点管数量与间距,校核水位降低数值,选择抽水设备确定抽水系统(抽水机组、管路等)的类型、规格和数量以及进行井点管的布置等。井点计算由于受水文地质和井点设备等多种因素的影响,计算的结果只是近似的,对重要工程的计算结果应经现场试验进行修正。

1.涌水量计算

井点系统涌水量是以水井理论为依据的。根据井底是否达到不透水层,水井分为完整井和非完整井。井底达到不透水层的称为完整井;井底达不到不透水层的称为非完整井。根据地下水有无压力又分为:水井布置在两层不透水层之间充满水的含水层内,地下水有一定压力的称为承压井;凡水井布置在无压力的含水层内的,称为无压井。其中,以无压完整井的理论较为完善,应用较普遍。

(1)无压完整井井点系统涌水量计算

无压完整井井点系统涌水量可用下式计算:

$$Q = 1.366K \frac{(2H - s)s}{\lg R - \lg X_0}$$

其中,Q为井点系统总涌水量(m³/d);K为渗透系数(m/d);H为含水层厚度(gym);R为抽水影响半径(m);s为水位降低值(m);x_0为基坑假想半径(m)。

(2)无压非完整井井点系统涌水量计算

为了简化计算,仍可采用上式,但式中H应换成有效带深度H_0,H_0系经验数值,可由表2-5查得。

表2-5　有效带深度H_0值

$\dfrac{S'}{s' + l}$	0.2	0.3	0.5	0.8
H_0	$1.3(s' + l)$	$1.5(s' + l)$	$1.7(s' + l)$	$1.85(s' + l)$

2.确定井点管数量与间距

(1)井点管需要根数计算

井点管需要根数n可按下式计算:

$$n = m \frac{Q}{q}$$

其中,q为单根井点管出水量(m³/d),可由$q = 65 \pi d l \sqrt[3]{K}$($d$为滤管直

径,m;l 为滤管长度,m;K 为渗透系数,m/d)计算;m 为井点备用系数,考虑堵塞等因素,一般取 m=1.1。

（2）井点管间距计算

井点管间距可根据井点系统布置方式,按下式计算：

$$D = \frac{2(L+B)}{n-1}$$

其中,L、B 分别为矩形井点系统的长度和宽度(m)。求出的管距应大于 15d(如井点管太密,会影响抽水效果),并应符合总管接头的间距。

3.水位降低数值校核

井点管数与间距确定后,可按下式校核所采用的布置方式是否能将地下水位降低到规定标高,即 h 是否不小于规定数值。

$$h = \sqrt{H^2 + \frac{Q}{1.33K}\left[\lg R - \frac{1}{n}\lg(x_1 \cdot x_2 x_n)\right]}$$

其中,h 为滤管外壁处或坑底任意点的动水位高度(m),对完整井算至井底,对不完整井算至有效带深度;x_1、x_2、x_n 为所核算的滤管外壁或坑底任意点至各井点管的水平距离(m)。

4.抽水设备的选择

一般按涌水量、渗透系数、井点管数量与间距、降水深度及需用水泵功率等综合数据,来选定水泵的型号。

（1）基坑总涌水量计算

含水层厚度：$H = 7.3 - 0.6 = 6.7(m)$

降水深度：$S = 4.1 - 0.6 + 0.5 = 4.0(m)$

基坑假想半径：由于该基坑长、宽比不大于 5,因此,可化简为一个假想半径为 x_0 的圆井进行计算：

$$x_0 = \sqrt{\frac{A}{\pi}} = \sqrt{\frac{(14 + 0.8 \times 2)(23 + 0.8 \times 2)}{3.14}} = 11(m)$$

抽水影响半径：

$$R_0 = 1.95s\sqrt{HK} = 1.95 \times 4\sqrt{6.7 \times 5} = 45.1(m)$$

按下式计算：

$$Q = 1.366K \frac{(2H - s)}{\lg R - \lg x_0} = 1.366 \times 5 \frac{2 \times 6.7 - 4}{\lg 45.1 - \lg 11} = 419 (\text{m}^3/\text{d})$$

（2）计算井点管数量和间距

单井出水量：

$$q = 65\pi dl \sqrt[3]{K} = 65 \times 3.14 \times 0.15 \times 1.2 \sqrt[3]{5} = 20.9 (\text{m}^3/\text{d})$$

需井点管数量：

$$n = 1.1 \frac{Q}{q} = 1.1 \times \frac{419}{20.9} = 2 (\text{根})$$

在基坑四角处井点管应加密，如考虑每个角加2根井管，则采用的井点管数量为22＋8＝30根。井点管间距平均为：

$$D = \frac{2(24.6 + 15.6)}{30 - 1} = 2.77\text{m}，取 2.4 (\text{m})$$

布置时，为使机械挖土有开行路线，宜布置成端部开口，即留3根井点管距离，因此，实际需要井点管数量为：

$$n = \frac{2(24.6 + 15.6)}{2.4} - 2 = 31.5 (\text{根，用 32 根})$$

（3）校核水位降低数值

校核水位降低数值用公式得：

$$h = \sqrt{H^2 - \frac{Q}{1.366K}(\lg R - \lg x_0)}$$

$$= \sqrt{6.7^2 - \frac{419}{1.366 \times 5}(\lg 45.1 - \lg 11)} = 2.7 (\text{m})$$

实际可降低水位：$s = H - h = 6.7 - 2.7 = 4.0 (\text{m})$。实际可降低水位与需要降低水位数值4.0m相符，故布置可行。

第三章 桩基础工程施工技术

第一节 桩基础概述

当地基浅层土质不良,采用浅基础无法满足结构物对地基强度、变形、稳定性的要求时,往往需要采用深基础方案。深基础有桩基础、沉井基础、地下连续墙等几种类型。其中,应用最广泛的是桩基础。桩基础具有较长的应用历史,我国很早就成功地使用了桩基础,如南京的石头城、上海的龙华塔及杭州湾海堤等。

一、桩基础的组成与作用

桩基础由若干根桩和承台两部分组成。桩基础的作用是将承台以上结构物传来的荷载通过承台,由桩传至较深的地基持力层中去,承台将各桩连成整体共同承担荷载。桩是基础中的柱形构件,其作用在于穿过软弱的土层,把桩基坐落在密实或压缩性较小的地基持力层上。各桩所承担的荷载,由桩侧土的摩阻力及桩端土的端阻力来承担。

桩基础的特点有:承载力高、稳定性好、沉降量小;耗材少、施工简单;在深水河道中,避免水下施工。

二、桩基础的适用性

桩基础适宜在下列情况下采用：

(1)荷载较大,地基上部土层软弱,适宜的地基持力层位置较深,采用浅基础或人工地基在技术、经济上不合理时。

(2)不允许地基有过大沉降和不均匀沉降的高层建筑,或其他重要的建筑物。

(3)重型工业厂房和荷载很大的建筑物,如仓库等。

(4)作用有较大水平力和力矩的高耸建筑物(烟囱、水塔等)的基础。

(5)河床冲刷较大、河道不稳定或冲刷深度不易计算,如采用浅基础施工困难或不能保证基础安全时。

(6)需要减弱其振动影响的动力机器基础。

(7)在可液化地基中,采用桩基础可增加结构的抗震能力,防止砂土液化。

三、桩基设计原则

现行《建筑桩基技术规范》规定,建筑桩基设计与建筑结构设计一样,应采用以概率论为基础的极限状态设计方法,以可靠度指标来衡量桩基的可靠度,采用分项系数的表达式进行计算。桩基的极限状态分为两类：

(1)承载能力极限状态。对应于桩基达到最大承载能力导致整体失稳或发生不适于继续承载的变形。

(2)正常使用极限状态。对应于桩基达到建筑物正常使用所规定的变形值或达到耐久性要求的某项限值。

根据桩基损坏造成建筑物的破坏后果(危及人身安全、造成经济损失、产生社会影响)的严重性,桩基设计时应按表3-1来确定设计等级。

表3-1　建筑桩基设计等级

设计等级	建筑类型
甲级	重要的建筑;30层以上或高度超过100m的高层建筑;体型复杂且层数相差超过10层的高低层(含纯地下室)连体建筑;20层以上框架一核心筒结构及其他对差异沉降有特殊要求的建筑;场地和地基条件复杂的7层以上的一般建筑及坡地、岸边建筑;对相邻既有工程影响较大的建筑
乙级	除甲级、丙级以外的建筑
丙级	场地和地基条件简单、荷载分布均匀的7层及7层以下的一般建筑

四、桩基础类型

随着科学技术的发展,在工程实践中已形成各种类型的桩基础,各种桩型在构造和桩土相互作用机制上都不相同,各具特点。因此,了解桩的类型、特点及适用条件,对桩基础设计非常重要。

(一)按承台与地面的相对位置分类

桩基一般由桩和承台组成。根据承台与地面的相对位置,将桩基划分为高承台桩和低承台桩两种。

1.高承台桩

承台底面位于地面(或冲刷线)以上的桩,称为高承台桩。

高承台桩由于承台位置较高,可避免或减少水下施工,施工方便。由于承台及基桩露出地面的一段自由长度周围无土来共同承受水平外力,在水平外力的作用下,桩身的受力情况较差,内力位移较大,稳定性较差。

近年来,由于大直径钻孔灌注桩的采用,桩的刚度、强度都很大,高承台桩在桥梁基础工程中得到了广泛应用。另外,在海岸工程、海洋平台工程中,都采用高承台桩。

2.低承台桩

承台底面位于地面(冲刷线)以下的桩,称为低承台桩。

低承台桩的受力、桩内的应力和位移、稳定性等方面均较好,因此,在建筑工程中应用广泛。

（二）按桩数及排列方式分类

在桩基设计时,当承台范围内布置1根桩时,称为单桩基础;当布置的桩数超过1根时,称为多桩基础。其中,根据桩的布置形式,多桩基础又分为单排桩和多排桩两类。

1. 单排桩

桩基础除承担垂直荷载外,还承担风荷载、汽车制动力、地震荷载等水平荷载。

单排桩是指与水平外力相垂直的平面上,只布置一排桩,该排的桩数多于1根的桩基础。如条形基础下的桩基,沿纵向布置桩数较多,但如果基础宽度方向上只布置一排桩,则称为单排桩。

2. 多排桩

多排桩是指与水平外力相垂直的平面上,由多排桩组成,而每一排又有许多根桩组成的桩基础。如筏板基础下的桩基,在基础宽度方向上只布置多排,而在基础长度方向上,每一排布置多根桩,这种桩基就是多排桩。

（三）按桩的承载性能分类

1. 摩擦型桩

在竖向荷载作用下,桩顶荷载全部或主要由桩侧阻力承担,这种桩称为摩擦型桩。根据桩侧阻力分担荷载大小,又分为摩擦桩和端承摩擦桩两个亚类。

（1）摩擦桩

当土层很深,无较硬的土层作为桩端持力层,或桩端持力层虽然较硬,但桩的长径比很大,传递到桩端的轴力很小,桩顶的荷载大部分由桩侧摩阻力分担,桩端阻力可忽略不计,这种桩称为摩擦桩。

（2）端承摩擦桩

当桩的长径比不大,桩端有较坚硬的黏性土、粉土和砂土时,除桩侧阻力外,还有一定的桩端阻力,这种桩称为端承摩擦桩。

2. 端承型桩

在竖向荷载作用下,桩顶荷载全部或主要由桩端土来承担,桩侧摩阻力相对于桩端阻力而言较小或可忽略不计的桩,称为端承型桩。根据桩端阻力发挥的程度及分担的比例不同,又分为端承桩和摩擦端承桩两个亚类。

(1)端承桩

当桩的长径比较小(一般小于10),桩穿过软弱土层,桩底支承在岩层或较硬的土层上,桩顶荷载大部分由桩端土来支承,桩侧阻力可忽略不计。

(2)摩擦端承桩

桩端进入中密以上的砂土、碎石类土或中、微风化岩层,桩顶荷载由桩侧摩阻力和桩端阻力共同承担,但主要由桩端阻力承担。

(四)按施工方法分类

按施工方法不同,桩可分为预制桩和灌注桩两大类。

1. 预制桩

预制桩是指预先制成的桩,以不同的沉桩方式(设备)沉入地基内达到所需要的深度。预制桩具有以下特点:可工厂化生产,施工速度快,适用于一般土地基,但对于较硬地基,施工困难。预制桩沉桩有明显的排土作用,应考虑对邻近结构的影响,在运输、吊装、沉桩过程中,应注意避免损坏桩身。

按不同的沉桩方式,预制桩可分为以下三种:

(1)打入桩(锤击桩)

打入桩是通过桩锤将预制桩沉入地基,这种施工方法适用于桩径较小,地基土为可塑状黏土、砂土、粉土地基的情况。对于含有大量漂卵石的地基,施工较困难。打入桩伴有较大的振动和噪声,在城市建筑密集区施工,应考虑对环境的影响。主要设备包括桩架、桩锤、动力设备、起吊设备等。

（2）振动法沉桩

振动法沉桩是将大功率的振动打桩机安装在桩顶。一方面，利用振动以减少土对桩的阻力；另一方面，利用向下的振动力使桩沉入土中。这种方法适用于可塑状的黏性土和砂土。

（3）静力压桩

静力压桩是借助桩架自重及桩架上的压重，通过液压或滑轮组提供的静力，将预制桩压入土中。它适用于可塑、软塑态的黏性土地基，对砂土及其他较坚硬的土层，由于压桩阻力过大，因此不宜采用。静力压桩在施工过程中无噪声、无振动，还能避免锤击时桩顶及桩身的破坏。

2. 灌注桩

（1）灌注桩的特点

灌注桩是现场地基钻孔，然后浇注混凝土而形成的桩。它与预制桩相比，具有以下特点：①不必考虑运输、吊桩和沉桩过程中对桩产生的内力。②桩长可按土层的实际情况适当调整，不存在吊运、沉桩、接桩等工序，施工简单。③无振动和噪声。

（2）灌注桩的分类

灌注桩的种类很多，按成孔方法不同，可分为以下几种：

①钻孔灌注桩：是在预定桩位，用成孔机械排土成孔，然后在桩孔中放入钢筋笼，灌注混凝土而形成桩体。钻孔灌注桩施工设备简单操作方便，适用于各种黏性土、砂土地基，也适用于碎石、卵石土和岩层地基。

②挖孔灌注桩：依靠人工（部分用机械配合）挖出桩孔，然后浇注混凝土所形成的桩，称为挖孔灌注桩。它的特点是不受设备的限制，施工简单，场区各桩可同时施工，挖孔直径较大，可直接观察地层情况，孔底清孔质量有保证。为确保施工安全，挖孔深度不宜太深。挖孔灌注桩一般适用于无水或渗水量较小的地层，对可能发生流沙或较厚的软黏土地基施工较为困难。

③冲孔灌注桩：利用钻锥不断地提锥、落锥反复冲击孔底土层，把土层中的泥沙、石块挤向四周或打成碎渣，利用掏渣筒取出，形成冲击钻孔。冲击钻孔适用于含有漂卵石、大块石的土层及岩层，成孔深度一般

不宜超过50m。

④冲抓孔灌注桩:用兼有冲击和抓土作用的冲抓锥,通过钻架,由带离合器的卷扬机操纵。靠冲锥自重冲下使抓土瓣张开插入土中,然后由卷扬机提升锥头,收拢抓土瓣,将土抓出。冲抓成孔的特点是:对地层适应性强,尤其适用于松散地层;噪声小,振动小,可靠近建筑物施工;设备简单,用套管护壁不会缩径。

⑤沉管灌注桩:是将带有桩靴的钢管,用锤击、振动等方法将其沉入土中,然后在钢管中放入钢筋笼,灌注混凝土,形成桩体。桩靴有钢筋混凝土和活瓣式两种。前者是一次性的桩靴;后者沉管时桩尖闭合,拔管时张开。沉管灌注桩适用于黏性土、砂土地基。由于采用了套管,可以避免钻孔灌注桩的塌孔及泥浆护壁等弊端,但桩体直径较小。在黏性土中,由于沉管的排土挤压作用对邻桩有挤压影响,挤压产生的孔隙水压力,易使拔管时出现混凝土桩缩颈现象。

⑥爆扩桩:成孔后,在孔内用炸药爆炸扩大孔底,浇注混凝土而形成的桩,称为爆扩桩。这种桩扩大了桩底与地基土的接触面积,提高了桩的承载力。

(五)按组成桩身的材料分类

按组成桩身的材料不同,桩可分为木桩、钢筋混凝土桩、钢桩。

1.木桩

木桩是古老的预制桩,它常由松木、杉木等制成。其直径一般为160~260mm,桩长一般为4~6m。木桩的优点是自重小,加工制作、运输、沉桩方便,但它具有承载力低、材料来源困难等缺点,目前已不大采用,只在临时性小型工程中使用。

2.钢筋混凝土桩

钢筋混凝土预制桩常做成实心的方形、圆形,或是做成空心管桩。预制长度一般不超过12m。当桩长超过一定长度后,在沉桩过程中需要接桩。

钢筋混凝土灌注桩的优点是:承载力大,不受地下水位的影响,目前已广泛应用于各种工程中。

3. 钢桩

钢桩即用各种型钢做成的桩,常见的有钢管桩和工字型钢桩。钢桩的优点是:承载力高,运输、吊桩和沉桩方便,但具有耗钢量大、成本高、易锈蚀等缺点,适用于大型、重型设备基础。目前,我国最长的钢管桩达88m。

(六)按桩的使用功能分类

按使用功能不同,桩可分为竖向抗压桩、竖向抗拔桩、水平受荷桩及复合受荷桩。

1. 竖向抗压桩

竖向抗压桩主要是承受竖向下压荷载的桩,应进行竖向承载力计算,必要时还需计算桩基沉降、验算下卧层承载力,以及负摩阻力产生的下拉荷载。

2. 竖向抗拔桩

竖向抗拔桩主要是承受竖向上拔荷载的桩,应进行桩身强度和抗裂计算,以及抗拔承载力验算。

3. 水平受荷桩

水平受荷桩主要是承受水平荷载的桩,应进行桩身强度和抗裂验算,以及水平承载力验算和位移验算。

4. 复合受荷桩

复合受荷桩是承受竖向、水平向荷载均较大的桩,应按竖向抗压桩及水平受荷桩的要求进行验算。

(七)按桩径大小分类

按桩径大小不同,桩可分为小直径桩、中等直径桩、大直径桩。

1. 小直径桩

小直径桩为$d \leqslant 250mm$。由于其桩径较小,施工机械、施工场地及施工方法一般较简单。多用于基础加固和复合基础。

2.中等直径桩

中等直径桩为250mm<d<800mm。这类桩在工业与民用建筑中大量应用,成桩方法和工艺繁杂。

3.大直径桩

大直径桩为d≥800mm。这类桩常用于高重型建筑物基础。关于桩基础,有以下几个概念应予以明确:

(1)桩基:由设置于岩土中的桩和与桩顶联结的承台共同组成的基础,或由柱与桩直接联结的单桩基础。

(2)复合桩基:由基桩和承台下地基土共同承担荷载的桩基础。

(3)基桩:桩基础中的单桩。

(4)复合基桩:单桩及其对应面积的承台下地基土组成的复合承载基桩。

第二节 混凝土预制桩施工

由于钢筋混凝土预制桩坚固耐用,不受地下水和潮湿变化的影响,可按要求制作成各种需要的断面和长度,且能承受较大的荷载,因此,在建筑工程中应用较广。钢筋混凝土预制桩有实心桩和空心管桩两种。实心桩便于制作,通常做成方形截面,边长一般为200~450mm。管桩是在工厂以离心法成型的空心圆桩,其断面直径一般为400mm、500mm等。单节桩的最大长度取决于打桩架的高度,一般不超过30m。如桩长超过30m,可将桩分节(段)制作,在打桩时采用接桩的方法接长。

钢筋混凝土预制桩所用混凝土强度等级一般不宜低于C30。主筋配置应根据桩断面大小及吊装验算来确定,一般为4~8根,直径为12~25mm,箍筋直径通常不应小于6mm,间距不大于200mm。

钢筋混凝土预制桩施工包括预制、起吊、运输、堆放沉桩、接桩等过程。

一、桩的预制、起吊、运输和堆放

(一)桩的预制

桩的预制视具体情况而定。较长的桩,一般情况下在打桩现场附近设置露天预制厂进行预制。如果条件许可,也可以在打桩现场就地预制。较短的桩(10m以下)多在预制厂预制,也可以在现场预制。预制场地必须平整夯实,不应产生浸水湿陷和不均匀沉陷。桩的预制方法有叠浇法、并列法、间隔法等。

叠浇预制桩的层数一般不宜超过4层,上下层之间、邻桩之间、桩与底模和模板之间应做好隔离层。其制作程序为:现场布置→场地地基处理、整平→场地地坪浇筑混凝土→支模→绑扎钢筋安设吊环→浇筑混凝土→养护至设计强度的30%拆模→支间隔端头模板、刷隔离剂、绑钢筋→浇筑间隔桩混凝土→同法间隔重叠制作第二层桩→养护至设计强度的70%起吊→达100%设计强度后运输、打桩。

钢筋混凝土预制桩的钢筋骨架的主筋连接宜采用对焊,接头位置应按规范要求相互错开。桩钢筋应严格保证位置正确,桩尖应对准纵轴线,纵向钢筋顶部保护层不应过厚。预制桩的混凝土浇筑应由桩顶向桩尖连续浇筑,严禁中断。上层桩或邻桩的浇筑,应在下层桩或邻桩混凝土达到设计强度等级的30%以后,方可进行。接桩的接头处要平整,使上、下桩能相互贴合对准;浇筑完毕,应覆盖洒水养护不少于7d;如果用蒸汽养护,在蒸养后,尚应适当自然养护30d后,方可使用。

(二)桩的起吊、运输和堆放

钢筋混凝土预制桩在桩身混凝土达到设计强度等级的70%后,方可起吊;达到设计强度等级的100%后,方能运输和打桩。如提前起吊,必须做强度和抗裂度验算,并采取必要的措施。起吊时,吊点位置应符合设计规定。无吊环且设计又未进行规定时,绑扎点的数量和位置根据桩长确定,并应符合起吊弯矩最小的原则。起吊前,在吊索与桩之间应加衬垫,起吊应平稳提升,防止撞击和受震动。

桩的运输根据施工需要、打桩进度和打桩顺序确定。通常采用随打随运的方法,以减少二次搬运。运桩前应检查桩的质量,桩运到现场后还应进行观测复查,运桩时的支点位置应与吊点位置相同。

桩堆放时,要求地面平整坚实,排水良好,不得产生不均匀沉陷。垫木的位置应与吊点的位置错开,各层垫木应垫在同一垂直线上,堆放的层数不宜超过4层,不同规格的桩应分别堆放,以方便施工。

（三）预制桩制作的质量要求

预制桩制作的质量除应符合有关规范的允许偏差规定外,还应符合下列要求:

(1)桩的表面应平整、密实,掉角的深度不应超过10mm,且局部蜂窝和掉角的缺损总面积不得超过该桩表面全部面积的0.5%,并不得过分集中。

(2)混凝土收缩产生的裂缝深度不得大于20mm,宽度不得大于0.25mm;横向裂缝长度不得超过边长的一半(圆桩或多角形桩不得超过直径或对角线的1/2)。

(3)桩顶和桩尖处不得有蜂窝、麻面、裂缝和掉角。

二、打桩前的准备工作

（一）清除障碍物、平整场地

打桩前,应清除高空、地上和地下的障碍物,如地下管线、旧房屋的基础、树木等。打桩机进场及移动范围内的场地应平整坚实,地面承载力应满足施工要求。施工场地及周围应保持排水通畅。

此外,为避免打桩振动对周围建筑物的影响,打桩前还应对现场周围一定范围的建筑物做全面检查,如有危房或危险的构筑物,必须予以加固,以防产生裂缝,甚至倒塌。

（二）材料准备

施工前,应布置好水、电线路,准备好足够的填料及运输设备。

（三）打桩试验

打桩试验的目的是检验打桩设备及工艺是否符合要求,了解桩的贯入度、持力层强度及桩的承载力,以确定打桩方案。

（四）确定打桩顺序

打桩顺序直接影响打桩工程质量和施工进度。确定打桩顺序时,应综合考虑桩的规格、桩的密集程度、桩的入土深度和桩架在场地内的移动是否方便。

当桩较密集（桩距小于4倍桩的直径）时,打桩应采用自中央向两侧打或自中央向四周打的打桩顺序,避免自外向里,或从周边向中间打,以免中间土体被挤密,桩难打入,或虽勉强打入而使邻桩侧移或上冒。由一侧向单一方向进行的逐排打法,桩架单向移动,打桩效率高,但这种打法易使土体向一个方向挤压,地基土挤压不均匀,会导致后打的桩打入深度逐渐减小,最终将引起建筑物不均匀沉降。因此,这种打桩顺序适用于桩距大于4倍桩径时的打桩施工。

打桩顺序确定后,还需要考虑打桩机是往后退打还是往前顶打。当打桩桩顶标高超出地面时,打桩机只能采取往后退打的方法,此时,桩不能事先都布置在地面上,只能随打随运。当打桩后,桩顶标高在地面以下时,打桩机则可以采取往前顶打的方法进行施工。这时,只要现场许可,所有的桩都可以事先布置好,避免二次搬运。当桩设计的打入深度不同时,打桩顺序宜先深后浅;当桩的规格尺寸不同时,打桩顺序宜先大后小,先长后短。

（五）抄平放线、定桩位

为了控制桩顶标高,在打桩现场或附近需设置水准点（其位置应不受打桩影响）,数量不少于两个。根据建筑物的轴线控制桩确定桩基轴线位置（偏差不得大于20mm）及每个桩的桩位,将桩的准确位置测设到地面上,当桩不密时,可用小木桩定位;当桩较密时,可用龙门板(标志板)定位。

三、预制桩施工

预制桩按打桩设备和打桩方法,可分为锤击法、振动法、水冲法、静力压桩法等。

(一)锤击法

打桩也叫锤击沉桩,是钢筋混凝土预制桩最常用的沉桩方法。这种方法施工速度快,机械化程度高,适用范围广,但在施工时极易产生挤土等现象。

1.打桩机具

打桩用的机具主要包括桩锤、桩架及动力装置三部分。

(1)桩锤

桩锤是将桩打入土中的主要机具,有落锤、汽锤和柴油锤三种。

落锤一般由生铁铸成,其构造简单,使用方便,落锤高度可随意调整,但打桩速度慢,效率低,对桩的损伤较大,适用于在黏土和含砾石较多的土中打桩。

汽锤是以蒸汽或压缩空气为动力的一种打桩机具,包括单动汽锤和双动汽锤。单动汽锤是用高压蒸汽或压缩空气推动升起汽缸达到顶部,然后排出气体,锤体自由下落,夯击桩顶,将桩沉入土中。单动汽锤落距较小,不易损坏桩头,打桩速度和冲击力均较落锤的大,效率较高,适用于打各种类型的桩。双动汽锤冲击频率高,打桩速度快,冲击能量大,工作效率高,不仅适用于一般打桩工程,而且可用于打斜桩、水下打桩和拔桩。

柴油锤分为导杆式、活塞式和管式三种。柴油锤是一种单缸内燃机,它利用燃油爆炸产生的力,推动活塞往复运动进行沉桩。柴油锤多用于打设木桩、钢板桩和钢筋混凝土桩,不适用于在软土中打桩。

桩锤的类型根据施工现场情况、机具设备的条件及工作方式和工作效率等因素进行选择。桩锤的重量应根据现场工程地质条件、桩的类型、桩的密集程度及施工条件来选择。

（2）桩架

桩架的作用是吊桩就位，悬吊桩锤，打桩时引导桩身方向并保证桩锤能沿着所要求方向冲击。选择桩架时，应考虑桩锤的类型、桩的长度和施工条件等因素。常用桩架基本形式有两种：一种是沿轨道或滚杠行走移动的多功能桩架，另一种是装在履带式底盘上可自由行走的履带式桩架。

多功能桩架由立柱、斜撑、回转工作台、底盘及传动机构等组成。它在水平方向可进行360°回转，导架可伸缩和前后倾斜。底盘下装有铁轮，可在轨道上行走。这种桩架适用于各种预制桩和灌注桩施工。

履带式桩架以履带式起重机为底盘，增加了立柱、斜撑、导杆等。它的机动性好，使用方便，适用范围广，适用于各种预制桩和灌注桩施工。

（3）动力装置

落锤以电源为动力，再配置电动卷扬机、变压器、电缆等。蒸汽锤以高压饱和蒸汽为驱动力，配置蒸汽锅炉、蒸汽绞盘等。汽锤以压缩空气为动力源，需配置空气压缩机、内燃机等。柴油锤的桩锤本身有燃烧室，不需要外部动力装置。

2.打桩施工

打桩机就位后，将桩锤和桩帽吊起固定在桩架上，使锤底高度高于桩顶，用桩架上的钢丝绳和卷扬机将桩提升就位。当桩提升到垂直状态后，送入桩架导杆内，稳住桩顶后，先使桩尖对准桩位，扶正桩身，然后将桩下放插入土中。这时，桩的垂直度偏差不得超过0.5%。

桩就位后，在桩顶放上弹性衬垫，扣上桩帽，待桩稳定后，即可脱去吊钩，再将桩锤缓慢落放在桩帽上。桩锤底面、桩帽上下面及桩顶应保持水平，桩锤、桩帽（送桩）和桩身中心线应在同一轴线上。在锤重作用下，桩将沉入土中一定深度，待下沉稳定后，再次校正桩位和垂直度，然后开始打桩。

打桩宜重锤低击。开始打入时，采用小落距，使桩能正常沉入土中；

当桩入土一定深度,桩尖不易发生偏移时,再适当增大落距,正常施打。重锤低击,桩锤对桩头的冲击小,回弹也小,因而桩身反弹小,桩头不易损坏。锤击能量大部分用以克服桩身摩擦力和桩尖阻力,因此,桩能较快地打入土中。重锤低击的落距小,因而可提高锤击频率,打桩速度快,效率高,对于较密实的土层,如砂或黏土,较容易穿过。当采用落锤或单动汽锤时,落距不宜大于1m;采用柴油锤时,应使桩锤跳动正常,落距不超过1.5m。

打桩时速度应均匀,锤击间歇时间不应过长,并应随时观察桩锤的回弹情况。如桩锤经常回弹较大,桩的入土速度慢,说明桩锤太轻,应更换桩锤;如桩锤发生突发的较大回弹,说明桩尖遇到障碍,应停止锤击,找出原因并处理后继续施打。打桩时,还要随时注意贯入度的变化,如贯入度突增,说明桩尖或桩身遭到破坏。打桩是隐蔽工程,施工时应对每根桩的施打做好原始记录,作为分析处理打桩过程中出现的质量事故,以及工程验收时鉴定桩的质量的重要依据。

打桩完毕后,应将桩头或无法打入的桩身截去,以使桩顶符合设计标高。

3. 送桩、接桩

（1）送桩

桩基础一般采用低承台桩基,承台底标高位于地面以下。为了减少预制桩的长度,可用送桩的办法将桩打入地面以下一定的深度。送桩下端宜设置桩垫,厚薄要均匀,如桩顶不平,可用麻袋或厚纸垫平。送桩的中心线应与桩身中心线吻合,送桩深度一般不宜超过2m。

（2）接桩

钢筋混凝土预制桩受施工条件、运输条件等因素的影响,单根预制桩一般分成数节制作,分节打入,现场接桩。为避免继续打桩时使桩偏心受压,接桩时,上、下节桩的中心偏差不得大于10mm。常用的接桩方法有焊接法、硫黄胶泥锚接法等。

焊接法接桩,一般在桩头距地面1m左右时进行焊接。制桩时,在桩的端部预埋角钢和钢板。接桩时,将上节桩用桩架吊起,对准下节桩头,用点焊将四角连接角钢与预埋钢板临时焊接;然后,检查平面位置及垂直度,合格后,即进行焊接。焊缝要连续饱满。施焊时,应两人同时对称进行,以防止节点温度不均匀,引起桩身歪斜。预埋钢板表面应清洁,接头间隙不平处用铁片塞密焊牢。接桩处的焊缝应自然冷却10~15min后,才能打入土中。外露铁件应刷防腐漆。焊接法接桩适用于各类土层,但消耗钢材较多,操作较烦琐,工效较低。

硫黄胶泥锚接法,又称为浆锚法。制桩时,在上节桩的下端面预埋四根用螺纹钢筋制成的锚筋,下节桩上端面预留四个错筋孔。接桩时,首先将上节桩的锚筋插入下节桩的锚孔(直径为锚筋直径的2.5倍),上、下节桩间隙200mm左右,安设好施工夹箍,将熔化的硫黄胶泥注满锚筋孔内并使之溢满桩面10~20mm厚,然后缓慢放下上节桩,使上、下桩胶结。当硫黄胶泥冷却并拆除施工夹箍后,即可继续压桩或打桩。硫黄胶泥锚接法接桩节约钢材,操作简单,施工速度快,适用于在软弱土层中打桩。

硫黄胶泥是一种热塑冷硬性胶结材料,它由胶结材料、细骨料、填充料和增韧剂熔融搅拌混合而成。

(二)振动法

振动法沉桩与锤击法沉桩的施工方法基本相同,其不同之处是用振动桩机代替锤打桩机施工。振动桩机主要由桩架、振动锤、卷扬机和加压装置等组成。振动法沉桩是利用振动机,将桩与振动机连在一起,振动机产生的动力通过桩身使土体振动,减弱土体对桩的阻力,使桩能较快沉入土中。该法不但能将桩沉入土中,还能利用振动将桩拔出。经验证明,此法对H型钢桩和钢板桩拔出效果良好。此法在砂土中沉桩效率较高,在黏土地区效率较差,需用功率大的振动器。

(三)水冲法

水冲法沉桩,就是在待沉桩身两对称旁侧,插入两根用卡具与桩身连接的平行射水管,管下端设喷嘴。沉桩时利用高压水,通过射水管喷嘴射水,冲刷桩尖下的土体,使土松散而流动,减少桩身下沉的阻力。同时,射入的水流大部分又沿桩身返回地面,减少了土体与桩身间的摩擦力,使桩在自重或加重的作用下沉入土中。此法适用于坚硬土层和砂石层。一般水冲法沉桩与锤击法沉桩或振动法沉桩结合使用,更能显示其功效。

(四)静力压桩法

静力压桩法是在软土地基上,利用静力压桩机或液压压桩机用无振动的静压力(自重和配重)将预制桩压入土中的一种沉桩新工法,在我国沿海软土地基上较为广泛地采用。与锤击法沉桩相比,它具有施工无噪声、无振动、节约材料、降低成本、提高施工质量、沉桩速度快等特点,特别适宜于扩建工程和城市内桩基工程施工。

四、打桩施工质量控制

打桩施工质量控制包括两个方面:一是能否满足贯入度或标高的要求;二是桩的位置偏差是否在允许范围之内。

当桩尖位于坚硬、硬塑的黏性土、碎石土、中密以上的砂土或风化岩等土层时,以贯入度控制为主,桩尖进入持力层深度可用桩尖标高做参考。桩尖位于其他软土层时,以桩尖设计标高控制为主,贯入度可做参考。打桩时,如控制指标已符合要求,而其他的指标与要求相差较大时,应会同有关单位研究处理。贯入度应通过试桩确定,或做打桩试验并与有关单位研究确定。

贯入度是指每锤击一次桩的入土深度,在打桩过程中常指最后贯入度,即最后一击桩的入土深度。施工中,一般采用最后3阵,每阵10击桩的平均入土深度作为最后贯入度。测量最后贯入度,应在下列条件下进行:桩锤的落距应符合规定;桩帽和弹性衬垫正常;锤击没有偏心;桩顶没有破坏或破坏处已凿平。

五、打桩中常见的问题与处理方法

打桩施工中,常会产生打坏、打歪、打不下去等问题。产生这些问题的原因是多方面的,有工艺操作上的原因,有桩制作质量上的原因,也有土层变化复杂等原因,必须具体情况具体分析和处理。

(一)桩顶、桩身被打坏

一般是桩顶四边和四角被打坏,或者顶面被打碎,甚至桩顶钢筋全部外露,桩身断折。出现桩顶、桩身被打坏的原因及处理方法如下:

打桩时,桩顶直接受到冲击而产生很高的局部应力,如桩顶混凝土不密实,主筋过长,桩顶钢筋网片配置不当,则遭锤击后桩顶被打碎引起混凝土剥落。因此,在制作时桩顶混凝土应认真捣实,主筋不能过长,并应严格按设计要求设置钢筋网片,一旦桩角打坏,则应凿平再打。

由于桩顶不平、桩帽不正,打桩时处于偏心受冲击状态,局部应力增大,使桩损坏。在制作时,桩顶面与桩轴线应严格保持垂直。施打前,桩帽要安放平整,衬垫材料要选择适当。打桩时,要避免打歪后仍继续打,一经发现歪斜,应及时纠正。

锤力过大易使桩体破坏。在打桩过程中,如出现下沉速度慢而施打时间长,锤击次数多或冲击能量过大时,称为过打。过打发生的原因是:桩尖通过坚硬层,最后贯入度定得过小,锤的落距过大。混凝土的抗冲击强度只有其抗压强度的50%,如果桩身混凝土反复受到过度的冲击,就容易遭到破坏。此时,应分析地质资料,判断土层情况,改善操作方法,采取有效措施解决。

桩身混凝土强度等级不高。主要原因是砂、石含泥量较大,养护龄期不够等,使混凝土未达到要求的强度等级就进行施打,致使桩顶、桩身打坏。如桩身打坏,可加钢夹箍用螺栓拉紧焊牢补强。

(二)打歪

由于桩顶不平、桩身混凝土凸肚、桩尖偏心、接桩不正或土中有障碍物,或者打桩时操作不当(如初入土时,桩身就歪斜而未纠正即施打)等,均可将桩打歪。为防止把桩打歪,可采取以下措施:①桩机导架必须校正两个方向的垂直度。②桩身垂直,桩尖必须对准桩位。同时,桩顶要正确套入桩锤下的桩帽内,并保证在同一垂直线上,使桩能够承受轴心锤击而沉入土中。③打桩开始时采用小落距,待入土一定深度后,再按要求的落距,将桩连续锤击入土中。④注意桩的制作质量和桩的验收与检查工作。⑤设法排除地下障碍物。

(三)打桩困难

如出现初入土 1~2m,桩就打不下去,贯入度突然变小,桩锤严重回弹等现象,可能是遇到旧的灰土或混凝土基础等障碍物。必要时,应彻底清除或钻透后再打,或者将桩拔出,适当移位再打。如桩已经入土很深,突然打不下去,可能的原因有:①桩顶、桩身已被打坏。②土层中夹有较厚的砂层、其他的硬土层或孤石等障碍。③打桩过程中,因特殊原因中断打桩,停歇时间过长,由于土的固结作用,桩难以打入土中。

(四)桩上浮

一桩打下,邻桩上升称为桩上浮,这种现象多发生在软土中。当桩沉入土中时,若桩的布置较密,打桩顺序又欠合理,由于桩身周围的土体受到急剧的挤压和扰动,靠近地面的部分将在地表面隆起和产生水平位移。土体隆起产生的摩擦力,将使已打入的桩上浮,或将邻桩拉断,或引起周围土坡开裂、建筑物裂缝。因此,当桩距小于 4 倍桩径(或边长)时,应合理确定打桩顺序。

第三节　预应力混凝土管桩施工

管桩按混凝土强度等级和壁厚分为预应力高强度混凝土管桩(代号 PHC 桩)、预应力混凝土管桩(代号 PC 桩)和预应力混凝土薄壁管桩(代号 PTC 桩)。预应力混凝土管桩基础,因其在施工中具有低噪声、无污染、施工快等特点,在工程上得到广泛应用。

一、预应力混凝土管桩的优点和缺点

(一)优点

(1)预应力混凝土管桩单桩承载力高。由于挤压作用,管桩承载力要比同样直径的沉管灌注桩或钻孔灌注桩的高。

(2)预应力混凝土管桩设计选用范围广。

(3)预应力混凝土管桩规格较多,一般的厂家可生产ϕ300~600mm管桩,个别厂家可生产ϕ800mm及ϕ1 000mm管桩。单桩承载力为600~4 500kN,适用于多层建筑及50层以下的高层建筑。在同一建筑物基础中,可根据柱荷载的大小采用不同直径的管桩,以充分发挥每根桩的承载能力,使桩长趋于一致,保持桩基沉降均匀。

(4)对持力层起伏变化大的地质条件适应性强。因为管桩的桩节长短不一,通常以4~16m为一节,搭配灵活,接长方便,在施工现场可随时根据地质条件的变化调整接桩长度,节省用桩量。

(5)运输吊装方便,接桩快捷。管桩节长一般在13m以内,桩身又有预压应力。起吊时,用特制的吊钩勾住管桩的两端,就可方便地吊起来。接管采用电焊法,两个电焊工一起工作,对于ϕ500mm的管桩,一个接头20min左右就可焊好。

(6)成桩长度不受施工机械的限制,管桩成桩后的长度,大部分桩长为5~60m,管桩搭配灵活,成桩长度可长可短,不像沉管灌注桩那样受施工机械的限制,也不像人工挖孔桩那样,成桩长度受地质条件的限制。

(7)施工速度快,工效高,工期短。管桩施工速度快,一台打桩机每台班至少可打7~8根桩,可完成20 000kN以上承载力的桩基工程。管桩工期短,主要表现在以下三个方面:①施工前期准备时间短,尤其是PHC桩,从生产到使用的最短时间只需三四天。②施工速度快,一栋2万~3万m²建筑面积的高层建筑,1个月左右便可完成沉桩。③检测时间短,两三个星期便可测试检查完毕。

(8)桩身耐打,穿透力强。因为管桩桩身强度高,加上有一定的预应力,所以,桩身可承受重型柴油锤成百上千次的锤击而不破裂,而且可穿透5~6m的密集砂层。从目前的应用情况看,如果设计合理,施工收锤标准定得恰当,施打管桩的破损率一般不会超过1%,有的工地甚至打不坏一根桩。

(9)施工文明,现场整洁。管桩工地机械化施工程度高,现场整洁,不会发生像钻孔灌注桩那样工地泥浆满地流的脏污情况,也不会出现像人工挖孔桩那样工地到处抽水和堆土运土的忙乱景象。

(二)缺点

(1)用柴油锤施打管桩时,噪声大,挤土量大,会造成一定的环境污染。采用静压法施工可解决噪声大的问题,但挤土作用仍然存在。

(2)打桩时送桩深度受限制,在深基坑开挖后截去余桩较多,但用静压法施工,送桩深度可加大,余桩就较少。

(3)在石灰岩作持力层、"上软下硬、软硬突变"等地质条件下,不宜采用锤击法施工。

二、施工准备

(一)场地要求

施工场地的动力供应,应与所选用的桩机机型、数量的动力需求相匹配,其供电电缆应完好,以确保其正常供电和安全用电。

施工场地一经平整,其场地坡度应在10%以内,并具有与选用的桩机机型相适应的地基承载力,以确保在管桩施工时地面不会沉陷过大或桩机倾斜超限,影响预应力混凝土管桩的成桩质量。

施工场地下的旧建筑物基础、旧建筑物的混凝土地坪,在预应力混凝土管桩施工前,应予以彻底清除。场地下不应有尚在使用的水、电、气管线。

场地的边界与周边建(构)筑物的距离,应满足桩机最小工作半径的要求,且对建(构)筑物应有相应的保护措施。

对施工场地的地貌,由施工单位复测,做好记录;监理人员应旁站监督,并对测量成果进行核查和确认。

（二）桩机的选型及测量用仪器

监理工程师应要求施工方提交进场设备报审表,并对选用设备认真核查。桩机的选型一般按5~7倍管桩极限承载力取值。桩机的压力表应按要求检定,以确保夹桩及压力控制准确。按设计如需送桩,应按送桩深度及桩机机型,合理选择送桩杆的长度,并应考虑施工中可能的超深送桩。

建筑物控制点的测量,宜采用有红外线测距装置的全站仪施测,而桩位宜采用J2经纬仪及钢尺进行测量定位。控制桩顶标高的仪器,选择水准仪即可。测量仪器应有相应的检定证明文件。

（三）对施工单位组织机构及相关施工文件的审查

（1）审查施工单位质量保证体系是否建立健全,管理人员是否到岗。

（2）审查施工组织设计(施工技术方案)内容是否齐全,质量保证措施、工期保证措施和安全保证措施是否合理、可行,并对其进行审批。

（3）核查其施工设备、劳力、材料及半成品是否进场,是否满足连续施工的需要。

（4）审查开工条件是否具备,条件成熟时,批准其开工。

（四）对预应力混凝土管桩的质量监控

检查管桩生产企业是否具有准予其生产预应力管桩的批准文件。

检查管桩混凝土的强度、钢筋力学性能、管桩的出厂合格证及管桩结构性能检测报告。

对预应力管桩在现场进行全数检查:①检查管桩的外观,有无蜂窝、露筋、裂缝;应色感均匀,桩顶处无孔隙。②对管桩尺寸进行检查:桩径（±5mm）、管壁厚度（±5mm）、桩尖中心线（<2mm）、顶面平整度（10mm）、桩体弯曲（<1/1 000L）。③管桩强度等级必须达到设计强度的100%,并且要达到龄期。④管桩堆放场地应坚实、平整,以防不均匀沉降造成损桩,并采取可靠的防滚、防滑措施。⑤管桩现场堆放不得超过四层。

（五）管桩桩位的测量定位

管桩桩位的定位工作,宜采用J2经纬仪及钢尺进行,其桩位的放样误差,对单排桩≤10mm,群桩≤20mm。

管桩桩位应在施工图中对其逐一编号,做到不重号、不漏号。

管桩桩位经测量定位后,应按设计图进行复核,监理对桩位的测量要进行旁站监督。

三、预应力混凝土管桩的施工

(一)施工工艺

桩位测量定位→桩机就位→吊桩→对中→焊桩尖→压第一节桩→焊接接桩→压第n节桩→送桩→终压→截桩。

(二)压桩

压桩顺序应遵循减少挤土效应,避免管桩偏位的原则。一般来说,应注意:先深后浅,先大后小;尽量避免桩机反复行走,扰动地面土层;循行线路经济合理,送桩、喂桩方便。工程桩施工中,对有挤压情况造成测放桩位偏移,应督促施工单位经常复核。

压好第一节桩至关重要。首先要调平机台,管桩压入前要准确定位、对中。在压桩过程中,宜用经纬仪和吊线锤在互相垂直的两个方向监控桩的垂直度,其垂直度偏差不宜大于0.5%。监理工程师应督促施工方测量人员对压桩进行全程监控测量,并随时对桩身进行调整校正,以保证桩的垂直度。

合理调配管节长度,尽量避免接桩时桩尖处于或接近硬持力层。每根桩的管桩接头数不宜超过4个;同一承台桩的接头位置应相互错开。

在压桩过程中,应随时检查压桩压力、压入深度。当压力表读数突然上升或下降时,应停机对照地质资料进行分析,查明是否碰到障碍物或产生断桩等情况。

遇到下列情况之一时,应暂停压桩,并及时与地质、设计、业主等有关方研究、处理:①压力值突然下降,沉降量突然增大。②桩身混凝土剥落、破碎。③桩身突然倾斜、跑位,桩周涌水。④地面明显隆起,邻桩上浮或位移过大。⑤按设计图要求的桩长压桩,压桩力未达到设计值。⑥单桩承载力已满足设计值,压桩长度未达到设计要求。

按设计要求或施工组织设计,在预应力管桩施工前,宜在场地上先行施工沙袋桩,袋装砂井施工完成后再进行管桩施压,不得交叉作业。沙袋桩的布置及密度应满足地基深层竖向排水和减弱挤土效应的要求,其桩长宜低于地下水位以下,且大于预应力桩的1/2。

桩压好后,桩头高出地面的部分应及时截除,避免机械碰撞或将桩头用作拉锚点。截除应采用锯桩器锯割,严禁用大锤横向敲击或扳拉截断。

对需要送桩的管桩,送至设计标高后,其在地面遗留的送桩孔洞,应立即回填覆盖,以免桩机行走时引起地面沉陷。

预应力管桩的垂直度偏差应不大于1%。

应随机检查施工单位的压桩记录,并抽查其压桩记录的真实性。

（三）接桩

接桩时,上、下节桩段应保持顺直,错位偏差不应大于2mm。

管桩对接前,上、下端板表面应用铁刷子清刷干净,坡口处应刷至露出金属光泽。

为保证接桩的焊接质量,电焊条应具有出厂合格证。电焊工应持证上岗,方可操作。施焊时,宜先在坡口周边先行对称点焊4~6点,再分层施焊,施焊宜由两个焊工对称进行。

焊接层数不得小于3层,内层焊渣必须清理干净后,方可在外层施焊。焊缝应饱满连续,焊接部分不得有咬边、焊瘤、夹渣、气孔、裂缝、漏焊等外观缺陷,焊缝加强层宽度及高度均应大于2mm。

应尽可能减少接桩时间,焊好的桩接头自然冷却后,方可继续压桩,自然冷却时间应大于8min。焊接接桩应按隐蔽工程进行验收。

（四）终压

正式压桩前,应按所选桩机型号对预应力管桩进行试压,以确定压桩的终压技术参数。

其终压的技术参数一般采用双控,根据设计要求,采用以标高控制为主,送桩压力控制为辅或者相反。应视设计要求和工程的具体情况确定。

终压后的桩顶标高,应用水准仪认真控制,其偏差为±50mm。

四、注意事项

加强预应力管桩的进场检查验收工作。

压桩施工过程中,应对周围建筑物的变形进行监测,并做好原始记录。

对群桩承台压桩时,应考虑挤土效应。对长边的桩,宜由中部开始向两边压桩;对短边的桩,可由一边向另一边逐桩施压。

如地质报告表明,地基土中孤石较多,对有孤石的桩位,应采取补勘措施,探明其孤石的大小、位置。对小孤石,也可采取用送桩杆引孔的措施。

土方开挖时,应加强对管桩的成品保护。如用机械开挖土方,更应加强保护。土方开挖,宜在压桩完成15d后进行。

雨季施工预应力管桩,其场地内宜设置排水盲沟,并在场地外适当位置设集水井,随时排出地表水,使场地内不积水、无泥浆。操作人员应有相应的防雨用具。

预应力管桩施工结束后,应对桩基做承载力检验及桩体质量检测。承载力检测的桩数不应小于总数的1%,且不应少于3根。其桩体质量检测不应少于总数的20%,且不应少于10根。

第四节 钻孔灌注桩施工

钻孔灌注桩按照施工方法不同,可分为干作业钻孔灌注桩和泥浆护壁钻孔灌注桩两种。

一、干作业钻孔灌注桩

干作业钻孔灌注桩是先用钻机在桩位处钻孔,然后在孔内放入钢筋骨架,再灌注混凝土而成的桩。干作业钻孔灌注桩适用于地下水位以上的填土层、黏性土层、粉土层、砂土层和粒径不大的砾砂层的桩基础施工。目前多使用螺旋钻机成孔,螺旋钻机有长螺旋钻机和短螺旋钻机两种。

(一)长螺旋钻机成孔

长螺旋钻机成孔是用长螺旋钻机的螺旋钻头,在桩位处就地切削土层,被切土块钻屑随钻头旋转,沿着带有长螺旋叶片的钻杆上升,输送到出土器后自动排出孔外运走。

长螺旋钻机成孔速度的快慢主要取决于输土是否通畅,而钻具转速的高低对土块钻屑输送的快慢和输土消耗功率的大小都有较大影响,因此,合理选择钻进速度是成孔工艺的关键。

在钻孔时,采用中高转速、低扭矩、少进刀的工艺,可使螺旋叶片之间保持较大的空间,能自动输土,钻进阻力小,钻孔效率高。

(二)短螺旋钻机成孔

短螺旋钻机成孔是用短螺旋钻机的螺旋钻头,在桩位处就地切削土层,被切土块钻屑随钻头旋转,沿着带有数量不多的螺旋叶片的钻杆上升,积聚在短螺旋叶片上,形成"土柱",此后靠提钻、反转、甩土,将钻屑散落在孔周。一般每钻进0.5~1.0m,就要提钻甩土一次。通常为正转钻进,反转甩土,反转转速为正转转速的若干倍。短螺旋钻机成孔的钻进效率不如长螺旋钻机高,但短螺旋钻机成孔省去了长孔段输送土块钻屑的功率消耗,其回转阻力矩小。在大直径或深桩孔的情况下,采用短螺旋钻机施工较为合适。

当钻孔达到预定钻深后,必须在原深处进行空转清土,然后停止转动,提起钻杆。在空转清土时,不得加深钻进,提钻时不得回转钻杆。

（三）施工中应注意的问题

干作业钻孔灌注桩成孔后，先吊放钢筋笼，再浇筑混凝土。钢筋笼吊放时，要缓慢并保持竖直，防止钢筋笼偏斜和刮土下落，钢筋笼放到预定深度后，要将上端妥善固定。混凝土坍落度一般为8~10cm，强度等级不小于C20。混凝土灌至接近桩顶时，应测量桩身混凝土顶面的标高，避免超长灌注，并保证在凿除浮浆层后，桩顶标高和质量符合设计要求。

二、泥浆护壁钻孔灌注桩

泥浆护壁钻孔灌注桩是指先用钻孔机械进行钻孔，在钻孔过程中为了防止孔壁坍塌，向孔中注入循环泥浆（或注入清水造成泥浆）保护孔壁，钻孔达到要求深度后进行清孔，然后安放钢筋骨架进行水下灌注混凝土而成的桩。

（一）埋设护筒

护筒的作用是固定桩孔位置，保护孔口，提高桩孔内的泥浆水头，防止塌孔。一般用3~5mm的钢板或预制混凝土圈制成，其内径应比钻头直径大100~200mm。安设护筒时，其中心线应与桩中心线重合，偏差不大于50mm。护筒应设置牢固，其顶面宜高出地面0.4~0.6m，它的入土深度，在砂土中不宜小于1.5m，在黏土中不宜小于1m，并应保持孔内泥浆液面高出地下水位1m以上。在护筒顶部还应开设1~2个溢浆口，便于泥浆溢出而流回泥浆池，进行回收和循环。护筒与坑壁之间的空隙应用黏土填实，以防漏水。

（二）泥浆制备

泥浆是泥浆护壁钻孔施工方法不可缺少的材料，在成孔过程中的作用是护壁、挟渣、冷却和润滑。其中，以护壁作用最为主要。由于泥浆的密度比水大，泥浆在孔内对孔壁产生一定的静水压力，相当于一种液体支撑，可以稳定土壁，防止塌孔。同时，泥浆中胶质颗粒在泥浆压力下，渗入孔壁表面孔隙中，形成一层透水性很低的泥皮，避免孔内壁漏水并保持孔内有一定的水压,有助于维护孔壁的稳定。泥浆还具有较高的黏性,通过循环,泥浆可使切削破碎的土石渣屑悬浮起来,随同泥浆排出孔外,起到挟渣排土的作用。此外,由于泥浆循环作冲洗液,对钻头有冷却和润滑作用,可减轻钻头的磨损。

制备泥浆的方法,应根据土质的实际情况而定。在成孔过程中,要保持孔内泥浆的一定密度。在黏土和粉土层钻孔时,可注入清水以原土造浆护壁,泥浆密度可取 $1.1 \sim 1.3 \mathrm{g/cm^3}$;在容易塌孔的土层中钻孔时,则应采用制备的泥浆护壁。泥浆制备应选用高塑性黏土或膨润土,泥浆密度保持在 $1.3 \sim 1.5 \mathrm{g/cm^3}$。造浆黏土应符合下列技术要求:胶体率不低于90%,含砂率不大于8%。成孔时,由于地下水稀释等使泥浆密度减小时,可添加膨润土增大密度。

(三)成孔方法

泥浆护壁成孔灌注桩成孔方法有冲击钻成孔、冲抓锥成孔、潜水电钻成孔和回转钻机成孔四种。

1.冲击钻成孔

冲击钻成孔是利用卷扬机悬吊冲击锤连续上、下冲击,将硬质土层或岩层破碎成孔,部分碎渣泥浆挤入孔壁,大部分用掏渣筒提出。冲击钻孔机有钢丝式和钻杆式两种,钢丝式钻头为锻钢或铸钢,锤的质量为 $0.5 \sim 3.0\mathrm{t}$,用钢桩架悬吊卷扬机作动力,钻孔孔径有800mm、1 000mm、1 200mm等几种。

冲孔时,在孔口设护筒,然后冲孔机就位,冲锤对准护筒中心,开始低锤密击(锤高为0.4~0.6m),并及时加入块石与黏土泥浆护壁,使孔壁挤压密实,直至孔深达护筒下3~4m后,才可加快速度;将锤高提至1.5~2.0m以上,进行正常冲击,并随时测定和控制泥浆比重。每冲击3~4m,掏渣一次。

冲击钻成孔设备简单、操作方便,适用于孤石的砂卵石层、坚实土层、岩层等成孔,也能克服流沙层。所成孔壁坚实、稳定、塌孔少,但掏泥渣较费工时,不能连续作业,成孔速度较慢。

2.冲抓锥成孔

冲抓锥成孔是用卷扬机悬吊冲抓锥头,其内有压重铁块及活动抓片,当下落时抓片张开,钻头冲入土中,然后提升钻头,抓头闭合抓土,提升至地面卸土,循环作业直至形成所需桩孔。冲抓锥成孔设备简单,操作方便,适用于一般较松散的黏土、粉质黏土、砂卵石层及其他软质土层成孔,所成孔壁完整,能连续作业,生产效率高。

3.潜水电钻成孔

潜水电钻成孔是用潜水电钻机构中密封的电动机变速机构,直接带动钻头在泥浆中旋转削土,同时用泥浆泵压送高压泥浆(或用水泵压送清水),使其从钻头底端射出,与切碎的土颗粒混合,然后不断由孔底向孔口溢出,或用砂石泵或空气吸泥机采用反循环方式排泥渣,如此连续钻进、排泥渣,直至形成所需深度的桩孔。

潜水钻机成孔直径500~1 500mm,深20~30m,最深可达50m,适用于在地下水位较高的软土层、淤泥、黏土、粉质黏土、砂土、砂夹卵石及风化页岩层中使用。

潜水电钻成孔前,孔口应埋设直径比孔径大200mm的钢板护筒,一般高出地面30cm左右,埋深1~1.5m,护筒与孔壁间缝隙用黏土填实,以防漏水塌口。钻进速度在黏性土中不大于1m/min,较硬土层则以钻机的跳动、电机不超负荷为准,钻孔达到设计深度后应进行清孔,设置钢筋笼。清孔可用循环换浆法,即让钻头继续在原位旋转,继续注水,用清水换浆,使泥浆密度在1.1g/cm³左右。当孔壁土质较差时,用泥浆循环清孔,使泥浆密度在1.15~1.25g/cm³。清孔过程中,应及时补给稀泥浆,并保持浆面稳定。该法具有设备定型、体积小、移动灵活、维修方便、无噪声、钻孔深、成孔精度和效率高、劳动强度低等优点,但所需设备较复杂,施工费用较高。

4.回转钻机成孔

回转钻机是由动力装置带动钻机回转装置,再经回转装置带动装有钻头的钻杆转动,钻头切削土体而形成桩孔。按泥浆循环方式不同,回转钻机可分为正循环回转钻机和反循环回转钻机。

（1）正循环回转钻机成孔工艺：从空心钻杆内部空腔注入的加压泥浆或高压水，由钻杆底部喷出，裹挟钻机削出的土渣沿孔壁向上流动，由孔口排出后流入泥浆池。

（2）反循环回转钻机成孔工艺：反循环作业的泥浆或清水是由钻杆与孔壁间的环状间隙流入钻孔，由于吸泥泵的作用，在钻杆内腔形成真空，钻杆内、外的压强差使得钻头下裹挟土渣的泥浆，由钻杆内部空腔上升返回地面，再流入泥浆池。反循环工艺中的泥浆向上流动的速度较大，能挟带较多的土渣。

（四）验孔和清孔

成孔后，即进行验孔和清孔。验孔是用探测器检查桩位、直径、深度和孔道情况。清孔即清除孔底沉渣、淤泥、浮土，以减少桩基的沉降量，提高承载能力。

泥浆护壁成孔清孔时，对于土质较好不易坍塌的桩孔，可用空气吸泥机清孔，气压为 0.5MPa，使管内形成强大高压气流向上涌，同时不断地补足清水，被搅动的泥渣随气流上涌，从喷口排出，直至喷出清水。对于稳定性较差的孔壁，应采用泥浆循环法清孔或抽筒排渣。

（五）安放钢筋笼

钢筋笼应预先在施工现场制作。吊放钢筋笼时，要防止扭转、弯曲和碰撞，要吊直扶稳、缓缓下落，避免碰撞孔壁，并防止塌孔或将泥土杂物带入孔内。钢筋笼放入后应校正轴线位置、垂直度。钢筋笼定位后，应在 4h 内浇筑混凝土，以防塌孔。

（六）水下浇筑混凝土

在灌注桩、地下连续墙等基础工程中，常要直接在水下浇筑混凝土。其方法是利用导管输送混凝土，并使之与环境水隔离，依靠管中混凝土的自重，使管口周围的混凝土在已浇筑的混凝土内部流动、扩散，以完成混凝土的浇筑工作。

在施工时，先将导管放入孔中（其下部距离底面约 100mm），用麻绳或铅丝将球塞悬吊在导管内水位以上0.2m处,然后浇筑混凝土。当球塞以上导管和盛料漏斗装满混凝土后,剪断球塞吊绳,混凝土靠自重推动球塞下落,冲向基底,并向四周扩散。球塞冲出导管,浮至水面,可重复使用。冲入基底的混凝土将管口包住,形成混凝土堆。同时,不断地将混凝土注入导管中,管外混凝土面不断被管内的混凝土挤压上升。随着管外混凝土面的上升,导管也逐渐提升,但不能提升过快,必须保证导管下端始终埋入混凝土内,其最大埋置深度不宜超过5m。混凝土浇筑的最终高程应高于设计标高约100mm,以便清除强度低的表层混凝土。

导管由每段长度为1.5~2.5m(脚管为2~3m)、管径200~300mm、厚3~6mm的钢管,用法兰盘加止水胶垫用螺栓连接而成。承料漏斗位于导管顶端,漏斗上方装有振动设备,以防混凝土在导管中阻塞。提升机具用来控制导管的提升与下降,常用的提升机有卷扬机、起重机等。球塞可用软木、橡胶、泡沫、塑料等制成,其直径比导管内径小15~20mm。

每根导管的作用半径一般不大于3m,所浇筑混凝土覆盖面积不宜大于30m²。当面积过大时,可用多根导管同时浇筑。混凝土浇筑应从最深处开始,相邻导管下口的标高差不应超过导管间距的1/15,并保证混凝土表面均匀上升。

导管法浇筑水下混凝土的关键:一是保证混凝土的供应量应大于导管内混凝土必须保持的高度,以及开始浇筑时导管埋入混凝土堆内必需的埋置深度所要求的混凝土量;二是严格控制导管提升高度,且只能上、下升降,不能左右移动,以避免造成管内返水事故。

三、施工中常见问题及处理

(一)孔壁坍塌

钻孔过程中,如发现排出的泥浆中不断出现气泡,或泥浆突然漏失,这表示有孔壁坍塌现象。孔壁坍塌的主要原因是土质松散,泥浆护壁不好,护筒周围未用黏土紧密填封以及护筒内水位不高。钻进时,如出现孔壁坍塌,首先应保持孔内水位并加大泥浆比重。如坍塌严重,应立即回填黏土,待孔壁稳定后再钻。

(二)钻孔偏斜

钻杆不垂直,钻头导向部分压短、导向性差,土质软硬不一或者遇上孤石等,都会引起钻孔偏斜。

钻孔偏斜时,可提起钻头,上下反复扫钻几次,以便削去硬土。

(三)孔底虚土

干作业施工中,由于钻孔机械结构所限,孔底常残存一些虚土,它来自扰动残存土、孔壁坍落土以及孔口落土。施工时,孔底虚土较规范多时必须清除,因虚土影响承载力。目前,常用的治理虚土的方法是用20kg重铁饼人工辅助夯实,但效果不理想。

(四)断桩

水下灌注混凝土桩的质量除混凝土本身质量外,是否断桩,是鉴定其质量的关键。预防断桩要注意三个方面的问题:一是力争首批混凝土浇灌一次成功;二是分析地质情况研究解决对策;三是严格控制现场混凝土配合比。

第五节 沉管成孔灌注桩施工

沉管成孔灌注桩又称套管成孔灌注桩或打拔管灌注桩。它是采用振动打桩法或锤击打桩法,将带有活瓣式桩尖或预制混凝土桩尖的钢制桩管沉入土中,然后边浇筑混凝土边振动,或边锤击边拔出钢管而形成的灌注桩。若配有钢筋,则应在规定标高处吊放钢筋骨架。沉管成孔灌注桩整个施工过程在套管护壁条件下进行,因而不受地下水位高低和土质条件的限制。可穿越一般黏性土、粉土、淤泥质土、淤泥、松散至中密的砂土及人工填土等土层,不宜用于标准贯入击数N＞12的砂土、N＞15的黏性土及碎石土。

沉管成孔灌注桩按成孔方式,可分为锤击沉管灌注桩、振动沉管灌注桩、振动冲击沉管灌注桩、内夯沉管灌注桩、静压沉管灌注桩等。

一、锤击沉管灌注桩施工

利用锤击沉桩设备沉管、拔管时,称为锤击沉管灌注桩。锤击沉管灌注桩施工应根据土质情况和荷载要求,分别选用单打法、复打法或反插法。

(一)施工要求

锤击沉管灌注桩施工应符合下列规定。

群桩基础的基桩施工,应根据土质、布桩情况,采取削减负面挤土效应的技术措施,确保成桩质量。

桩管、混凝土预制桩尖或钢桩尖的加工质量和埋设位置应与设计相符,桩管与桩尖的接触应有良好的密封性。

(二)操作控制要求

灌注混凝土和拔管的操作控制应符合下列规定。

沉管至设计标高后,应立即检查和处理桩管内的进泥、进水和吞桩尖等情况,并立即灌注混凝土。

当桩身配置局部长度钢筋笼时,第一次灌注混凝土应先灌至笼底标高,然后放置钢筋笼,再灌至桩顶标高。第一次拔管高度应以能容纳第二次灌入的混凝土量为限,不应拔得过高。在拔管过程中,应采用测锤或浮标检测混凝土面的下降情况。

拔管速度应保持均匀,一般土层拔管速度宜为1m/min;在软弱土层和软硬土层交界处,拔管速度宜控制在0.3~0.8m/min。

采用倒打拔管的打击次数,单动汽锤不得少于50次/min,自由落锤轻击(小落距锤击)不得少于40次/min;在管底未拔至桩顶设计标高之前,倒打和轻击不得中断。

(三)充盈系数要求

混凝土的充盈系数不得小于1.0。对于充盈系数小于1.0的桩,应全长复打。成桩后的桩身混凝土顶面应高于桩顶设计标高500mm以内。全长复打时,桩管入土深度宜接近原桩长。

(四)全长复打桩施工要求

全长复打桩施工时,应符合下列规定:第一次灌注混凝土应达到自然地面;拔管过程中,应及时清除黏在管壁上和散落在地面上的混凝土;初打与复打的桩轴线应重合;复打施工必须在第一次灌注的混凝土初凝之前完成。

(五)坍落度要求

混凝土的坍落度宜为80~100mm。施工时,用桩架吊起桩管,对准预先埋设在桩位处的预制钢筋混凝土桩尖,然后缓缓放下桩管套入桩尖压入土中。桩管上部扣上桩帽,并检查桩管、桩尖与桩锤是否在同一垂直线上。若桩管垂直度偏差小于0.5%桩管高度,即可用锤打击桩管。

初打时应低锤轻击,并观察桩管是否有偏移。无偏移时,方可正常施打。当桩管打入至要求的贯入度或标高后,应检查管内有无泥浆或渗水;测孔深后,在管内放入钢筋笼,便可以将混凝土通过灌注漏斗灌入桩管内,待混凝土灌满桩管后,开始拔管。在拔管过程中,应对桩管进行连续低锤密击,使钢管得到冲击振动,以振密混凝土。拔管速度不宜过快,第一次拔管高度应控制在能容纳第二次所灌入的混凝土量为限,不宜拔得过高,应保证管内不少于2m高度的混凝土。同时,应检查管内混凝土面的下降情况,拔管速度对一般土层以1.0m/min为宜。此外,还应向桩管内继续加灌混凝土,以满足灌注量的要求。灌入的混凝土从搅拌到最后拔管结束,不得超过混凝土的初凝时间。

为了提高桩的质量或使桩径增大,提高桩的承载能力,可采用一次复打的方式扩大灌注桩。复打桩施工是在单打施工完毕、拔出桩管后,及时清除黏附在管壁和散落在地面的泥土,在原桩位上第二次安放桩尖,以后的施工过程则与单打灌注桩相同。复打扩大灌注桩施工时应注意，复打施工必须在第一次灌注的混凝土初凝以前全部完成，桩管在第二次打入时应与第一次的轴线相重合，且第一次灌注的混凝土应达到自然地面，不得少灌。

二、振动沉管灌注桩

利用振动沉桩设备沉管、拔管时，称为振动沉管灌注桩。振动沉管桩架与锤击沉管灌注桩相比，振动沉管灌注桩更适合于稍密及中密的碎石土地基施工。施工时，振动冲击锤与桩管刚性连接，桩管下端设有活瓣式桩尖。活瓣式桩尖应有足够的强度和刚度，活瓣间缝隙应紧密。先将桩管下端活瓣闭合，对准桩位，徐徐放下桩管并压入土中，然后校正垂直度，即可开动振动器沉管。由于桩管和振动器是刚性连接的，沉管时由振动冲击锤形成竖直方向的往复振动，使桩管在激振力作用下以一定的频率和振幅产生振动，减少了桩管与周围土体间的摩擦阻力。当强迫振动频率与土体的自振频率相同时，土体结构因共振而破坏，桩管受加压作用而沉入土中。

（一）振动沉管灌注桩的施工方法

振动沉管灌注桩可采用单振法、复振法和反插法施工。

1.单振法

单振法施工时，在桩管灌满混凝土后，开动振动器，先振动5~10s，再开始拔管。边振边拔，每拔0.5~1.0m，停拔5~10s，但保持振动。如此反复进行，直至桩管全部拔出。

2.复打法

复打法施工适用于饱和黏土层。其施工方法与锤击沉管灌注桩施工方法相同，相当于进行了两次单振施工。

3.反插法

反插法施工是在桩管灌满混凝土后，先振动再开始拔管，每次拔管高度0.5~1.0m,反插深度0.3~0.5m,在拔管过程中分段添加混凝土,保持管内混凝土面始终不低于地表面或高于地下水位1.0m以上,拔管速度应小于0.5m/min。如此反复进行,直至桩管拔出地面。反插法能使混凝土的密实度增加,宜在较差的软土地基施工中采用。

(二)振动沉管灌注桩施工程序

振动沉管灌注桩施工可以边拔管、边振动、边灌注混凝土、边成形。

(1)振动沉管打桩机就位:将桩管对准桩位中心,把桩尖活瓣合拢(当采用活瓣桩尖时)或桩管对准预先埋设在桩位上的预制桩尖(当采用钢筋混凝土、铸铁和封口桩尖时),放松卷扬钢丝绳,利用桩机和桩管自重,把桩尖竖直地压入土中。

(2)振动沉管:开动振动锤,同时放松滑轮组,使桩管逐渐下沉,并开动加压卷扬机。当桩管下沉达到要求后,便停止振动器的振动。

(3)灌注混凝土:利用吊斗向桩管内灌入混凝土。

(4)边拔管、边振动、边灌注混凝土:当混凝土灌满后,再次开动振动器和卷扬机。一面振动,一面拔管;在拔管过程中,一般要向桩管内继续加灌混凝土,以满足灌注量的要求。

(5)成桩:放钢筋笼或插筋,成桩。

三、内夯沉管灌注桩施工

当采用外管与内夯管结合锤击沉管进行夯压、扩底、扩径时,内夯管应比外管短100mm,内夯管底端可采用闭口平底或闭口锥底。

外管封底可采用干硬性混凝土、无水混凝土配料,经夯击形成阻水、阻泥管塞,其高度可为100mm。当内、外管间不会发生间隙涌水、涌泥时,也可不采用上述封底措施。

桩身混凝土宜分段灌注,拔管时内夯管和桩锤应施压于外管中的混凝土顶面,边压边拔。

施工前宜进行试桩,并应详细记录混凝土的分次灌注量、外管上拔高度、内管夯击次数、双管同步沉入深度,并应检查外管的封底情况,有无进水、涌泥等,经核定后,可作为施工控制依据。

四、沉管成孔灌注桩施工常见问题和处理方法

沉管成孔灌注桩施工时常发生断桩,缩颈桩,吊脚桩,桩尖进水、进泥沙等问题,产生原因及处理措施如下:

(一)断桩

断桩指桩身裂缝呈水平方向或略有倾斜且贯通全截面,常见于地面以下1~3m不同软硬土层交接处。其产生的原因主要是桩距过小,桩身混凝土终凝期间强度低,邻桩沉管时使土体隆起和挤压,产生横向水平力和竖向拉力,使混凝土桩身断裂。避免断桩的措施有:布桩不宜过密,桩间距以不小于3.5m为宜;当桩身混凝土强度较低时,可采用跳打法施工;合理安排打桩顺序。

(二)缩颈桩

缩颈桩也称瓶颈,指桩身局部直径小于设计直径。缩颈桩常出现在饱和淤泥质土中,其产生的主要原因是:在含水率高的黏性土中沉管时,土体受到强烈扰动挤压,产生很高的孔隙水压力,桩管拔出后,水压力作用在所浇筑的混凝土桩身上,使桩身局部直径缩小;桩间距过小,邻近桩沉管施工时挤压土体使所浇筑混凝土桩身缩颈;施工过程中拔管速度过快,管内形成真空吸力,管内混凝土量少且和易性差,使混凝土扩散性差,导致缩颈。避免缩颈的主要措施有:经常观测管内混凝土的下落情况,严格控制拔管速度;采取"慢拔密振"或"慢拔密击"的方法;在可能产生缩颈的土层施工时,采用反插法。当出现缩颈时,可用复打法进行处理。

(三)吊脚桩

吊脚桩指桩底部的混凝土隔空或混入的泥沙在桩底部形成松软层的桩。其产生的原因主要是:预制桩尖强度不足,在沉管时被打坏而挤入桩管内,拔管时振动冲击未能将桩尖压出,拔管至一定高度时,桩尖才落

下,但又被硬土层卡住,未落到孔底而形成吊脚桩;振动沉管时,桩管入土较深并进入低压缩性土层,灌完混凝土开始拔管时,活瓣式桩尖被周围土体包围而不张开,拔至一定高度时才张开,而此时孔底部已被孔壁回落土充填而形成吊脚桩。避免出现吊脚桩的措施是:严格检查预制桩尖的强度和规格。沉管时,可用吊砣检查桩尖是否进入桩管或活瓣是否张开。对已出现的吊脚现象,应将桩管拔出,桩孔回填后重新沉入桩管。

(四)桩尖进水、进泥沙

桩尖进水、进泥沙常见于地下水位高、含水率大的淤泥、粉砂土层中。其产生的原因是:活瓣式桩尖合拢后有较大的间隙;预制桩尖与桩管接触不严密;桩尖打坏等。预防桩尖进水、进泥沙的措施是:对缝隙较大的活瓣式桩尖,应及时修复或更换;预制桩尖的尺寸和配筋应符合设计要求,混凝土强度等级不得低于C30,在桩尖与桩管接触处缠绕麻绳或垫衬,将二者接触处封严。当出现桩尖进水或进泥沙时,可将桩管拔出,修复桩尖缝隙,用砂回填桩孔后再重新沉管。如地下水量大,当桩管沉至接近地下水位时,可灌注0.05~0.1m³混凝土封底,将桩管底部的缝隙用混凝土封住,灌1m高的混凝土后,再继续沉管。

第六节 人工挖孔灌注桩施工

一、人工挖孔灌注桩的适用条件

人工挖孔灌注桩是指桩孔采用人工挖掘方法进行成孔,然后安放钢筋笼、浇筑混凝土而成的桩。人工挖孔灌注桩结构上的特点是单桩的承载能力高、受力性能好,既能承受垂直荷载,又能承受水平荷载。人工挖孔灌注桩具有机具设备简单,施工操作方便,占用施工场地小,无噪声、无振动,不污染环境,对周围建筑物影响小,施工质量可靠,可全面展开施工,工期缩短,造价低等优点,在施工中得到广泛应用。

人工挖孔灌注桩适用于地下水位较低的黏土、亚黏土及含少量砂卵石的黏土层等。可作高层建筑、公用建筑、水工结构(如泵站、桥墩)桩基,起支承、抗滑、挡土之用。对软土、流沙及地下水位较高、涌水量大的土层,不宜采用。

二、人工挖孔灌注桩的施工机具及构造要求

(一)人工挖孔灌注桩的施工机具

①电动葫芦或手动卷扬机、提土桶及三脚支架。
②潜水泵:用于抽出孔中积水。
③鼓风机和输风管:用于向桩孔中强制送入新鲜空气。
④镐、锹、土筐等挖土工具,若遇坚硬土层或岩石,还应配风镐等。
⑤照明灯、对讲机、电铃等。

(二)一般构造要求

桩直径一般为800~2 000mm,最大直径可达3 500mm。桩埋置深度一般在20m左右,最深可达40m。底部采取不扩底和扩底两种方式。扩底直径为桩径的1.3~3.0倍,最大扩底直径可达4 500mm。一般采用一柱一桩,当采用一柱两桩时,两桩中心距不应小于3倍桩径,两桩扩大头净距不小于1m,上下设置不小于0.5m;桩底宜挖成锅底形,锅底中心比四周低200mm,根据试验,它比平底桩可提高承载力20%以上。桩底应支承在可靠的持力层上。支承桩大多采用构造配筋,配筋率以0.4%为宜,配筋长度一般为1/2桩长,且不小于10m;用于抗滑、锚固,挡土桩的配筋,按全长或2/3桩长配置,由计算确定。箍筋采用螺旋箍筋或封闭箍筋,不小于$\phi 8@200mm$,在桩顶1.0m范围内间距加密1倍,以提高桩的抗剪强度。当钢筋笼长度超过4.0m时,为加强其刚度和整体性,可每隔2.0m设一道$\phi 16\sim 20mm$焊接加强筋。钢筋笼长超过10m的,需分段拼接,拼接处应用焊接。

三、施工工艺

人工挖孔灌注桩常采用现浇混凝土护壁,也可采用钢护筒或采用沉井护壁等。采用现浇混凝土护壁时的施工工艺过程如下:

(1)测定桩位、放线。

(2)开挖土方。采用分段开挖,每段高度取决于土壁的直立能力,一般为0.5~1.0m,开挖直径为设计桩径加上两倍护壁厚度。挖土顺序是自上而下,先中间、后孔边。

(3)支撑护壁模板。模板高度取决于开挖土方每段的高度,一般为1m,由4~8块活动模板组合而成。护壁厚度不宜小于100mm,一般取D/10+5cm(D为桩径),且第一段井圈的护壁厚度应比以下各段增加100~150mm,上下节护壁可用长为1m左右的钢筋进行拉结。

(4)在模板顶放置操作平台。平台可用角钢和钢板制成半圆形,两个合起来即为一个整圆,用来临时放置混凝土和浇筑混凝土用。

(5)浇筑护壁混凝土。护壁混凝土的强度等级不得低于桩身混凝土强度等级,应注意浇捣密实。根据土层渗水情况,可考虑使用速凝剂。不得在桩孔水淹没模板的情况下浇护壁混凝土。每节护壁均应在当日连续施工完毕。上下节护壁搭接长度不小于50mm。

(6)拆除模板继续下一段的施工。一般在浇筑混凝土24h之后,便可拆模。当发现护壁有蜂窝、孔洞、漏水现象时,应及时补强、堵塞,防止孔外水通过护壁流入桩孔内。当护壁符合质量要求后,便可开挖下一段的土方,再支模浇筑护壁混凝土,如此循环,直至挖到设计要求的深度并按设计进行扩底。

(7)安放钢筋笼、浇筑混凝土。孔底有积水时,应先排除积水再浇混凝土;当混凝土浇至钢筋的底面设计标高时,再安放钢筋笼,继续浇筑桩身混凝土。

四、人工挖孔灌注桩施工常见问题及处理方法

(一)地下水

地下水是深基础施工中的常见问题,它给人工挖孔桩施工带来许多困难。含水层中的水在开挖时破坏其平衡状态,使周围的静态水充入桩孔内,从而影响人工挖孔桩的正常施工。如果遇到动态水压土层施工,不仅开挖困难,连护壁混凝土也易被水压冲刷穿透,发生桩身质量问题。如遇到细砂、粉砂土层,在压力水的作用下,也极易发生流沙和井漏现象。处理方法有以下几种:

(1)地下水量不大时,可选用潜水泵抽水,边抽水边开挖,成孔后及时浇筑相应段的混凝土护壁,然后继续下一段的施工。

(2)水量较大,用水泵抽水也不易开挖时,应从施工顺序考虑,对周围桩孔同时抽水,以减少开挖孔内的涌水量,并采取交替循环施工的方法。

(3)对不太深的挖孔灌注桩,可在场地四周合理布置统一的轻型管井降水分流。基础平面占地较大时,也可增加降水管井的排数。

抽水时的环境影响。有时施工周围环境特殊,一是周围基础设施等较多,不允许无限制地抽水;二是周围有江河、湖泊、沼泽等,不可能无限制地达到抽水目的。因此,在抽水前均要采取可靠措施。最有效的方法是截断水源,封闭水路。桩孔较浅时,可用板桩封闭;桩孔较深时,用钻孔压力灌浆,形成帷幕挡水,以保证在正常抽水时,可以正常开挖。

(二)流沙

人工挖孔在开挖时,如遇细砂、粉砂层地质,加上地下水的作用,极易形成流沙,严重时会发生井漏,造成质量事故,因此,要采取可靠的措施进行处理。

流沙情况较轻时,可缩短这一循环的开挖深度,将正常的1m左右一段,缩短为0.5m一段,以减少挖层孔壁的暴露时间,及时进行护壁混凝土灌注。当孔壁塌落、有泥沙流入而不能形成桩孔时,可用编织袋装土逐

渐堆堵,形成桩孔的外壁,并保证内壁满足设计要求。

流沙情况较严重时,常用办法是下钢套筒。钢套筒与护壁用的钢模板相似,以孔外径为直径,可分成4~6段圆弧,再加上适当的肋条;相互用螺栓或钢筋环扣连接,再开挖0.5m左右,即可分片将套筒装入;深入孔底不少于0.2m,插入上部混凝土护壁外侧不小于0.5m,装后即支模浇注护壁混凝土。若放入套筒后流沙仍上涌,可采取突击挖出后即用混凝土封闭孔底的方法,待混凝土凝结后,将孔心部位的混凝土清凿,以形成桩孔。也可将此种方法应用到已完成的混凝土护壁的最下段钻孔,使孔位倾斜至下层护壁以外,打入浆管,压力浇注水泥浆,提高周围及底部土体的不透水性。

(三)淤泥质土层

遇到淤泥质土层等软弱土层时,一般可用木方、木板模板等支挡,缩短开挖深度,并及时浇注混凝土护壁。支挡木方要沿周边打入底部深度不少于0.2m,上部嵌入上段已浇好的混凝土护壁后面,可斜向放置,双排布置互相反向交叉,能达到很好的支挡效果。

(四)桩身混凝土的浇筑

1.消除水的影响

(1)孔底积水。浇筑桩身混凝土主要应保证其符合设计强度,保证混凝土的均匀性和密实性,防止孔内积水影响混凝土的配合比和密实性。

(2)孔壁渗水。可在桩身混凝土浇筑前采用防水材料封闭渗漏部位。对于出水量较大的孔,可用木楔打入,周围再用防水材料封闭,或在集中漏水部位嵌入泄水管,装上阀门,在施工桩孔时打开阀门让水流出,浇筑桩身混凝土时再关闭。

2.保证桩身混凝土的密实性

桩身混凝土的密实性是保证混凝土达到设计强度的必要条件。为保证桩身混凝土浇筑的密实性,一般采用串筒下料及分层振捣浇筑的方法。其中,浇筑速度是关键,即力求在最短时间内完成一个桩身混凝土浇筑。对于深度大于10m的桩,可依靠混凝土自身落差形成的冲击力及混凝土自身重量的压力而使其密实,这部分混凝土即可不用振捣。经验证明,桩身混凝土能满足均匀性和密实性的要求。

（五）合理安排施工顺序

在可能的条件下,先施工较浅的桩孔,后施工较深的桩孔。在含水层或有动水压力的土层中施工,应先施工外围（或迎水部位）的桩孔,这部分桩孔混凝土护壁完成后,可保留少量桩孔先不浇筑桩身混凝土,而作为排水井,以方便其他孔位施工,保证桩孔的施工速度和成孔质量。

五、施工注意事项

桩孔开挖,当桩净距小于2倍桩径且小于2.5m时,应间隔开挖。排桩跳挖的最小施工净距不得小于4.5m,孔深不宜大于40m。

每段挖土后,必须吊线检查中心线位置是否正确,桩孔中心线平面位置偏差不宜超过50mm,桩的垂直度偏差不得超过1%,桩径不得小于设计直径。

防止土壁坍塌及流沙。挖土如遇到松散或流沙土层,可减少每段开挖深度（取0.3~0.5m）或采用钢护筒、预制混凝土沉井等作护壁,待穿过此土层后,再按一般方法施工。流沙现象严重时,应采用井点降水处理。

浇筑桩身混凝土时,应注意清孔及防止积水,桩身混凝土应一次连续浇筑完毕,不留施工缝。为防止混凝土离析,宜采用串筒来浇筑混凝土。当地下水穿过护壁流入量较大无法抽干时,则应采用导管法浇筑水下混凝土。

必须制定好安全措施:①施工人员进入孔内必须戴安全帽;孔内有人作业时,孔上必须有人监督防护。②孔内必须设置应急软爬梯供人员上下井;使用的电动葫芦、吊笼等应安全可靠,并配有自动卡紧保险装置;不得用麻绳和尼龙绳吊挂或脚踏井壁凸缘上下;电动葫芦使用前,必须检验其安全起吊能力。③每日开工前,必须检测井下的有毒有害气体,并有足够的安全防护措施。桩孔开挖深度超过 10m 时,应有专门向井下送风的设备,风量不宜少于 25L/s。④护壁应高出地面 200~300mm,以防杂物滚入孔内,孔周围要设 0.8m 高的护栏。⑤孔内照明要用 12V 以下的安全灯;使用的电器必须有严格的接地、接零和漏电保护器。

第七节 灌注桩后注浆技术

一、灌注桩后注浆

钻孔灌注桩由于施工中存在桩端持力层扰动问题、沉渣问题、桩侧土应力释放问题、泥浆护壁泥皮问题、桩身混凝土收缩引起的与桩侧土间的收缩缝问题等,导致侧阻和端阻下降。灌注桩桩端后注浆,通过注浆泵将水泥浆高压注入桩底和桩侧土层,可以有效克服上述问题,使群桩的承载力大大提高,基础的沉降量大大减小,因此桩端后注浆很有必要。桩端后注浆是指钻孔灌注桩在成桩后,由预埋的注浆通道,用高压注浆泵将一定压力的水泥浆压入桩端土层和桩侧土层,通过浆液对桩端沉渣和桩端持力层及桩周泥皮起到渗透、填充、压密、劈裂、固结等作用,来增强桩端土和桩侧土的强度,从而达到提高桩基极限承载力,减少群桩沉降量目的的一项技术措施。

桩端后,注浆技术对持力层是卵砾石层的桩最为有效,其注浆后比注浆前单桩竖向极限承载力可提高 40% 以上。对粉砂土持力层亦有效,其单桩竖向极限承载力可提高 20%~25%。在黏土持力层中注浆,主要对沉渣和泥皮加固有效,即主要作用是控制群桩的变形。对持力层为基岩的桩,注浆主要对沉渣、泥皮和裂隙的加固有效。也就是说,无论什么地层的灌注桩,合理注浆对加固桩端沉渣和桩侧泥皮都适用。

二、后注浆设计要点

（一）后注浆装置

后注浆导管应采用钢管，且应与钢筋笼加劲筋绑扎固定或焊接。

桩端后注浆导管及注浆阀数量宜根据桩径大小设置。对于直径不大于1 200mm的桩，宜沿钢筋笼圆周对称设置2根；对于直径大于1 200mm而不大于2 500mm的桩，宜对称设置3根。

对于桩长超过15m且承载力增幅要求较高者，宜采用桩端桩侧复式注浆。桩侧后注浆管阀设置的数量，应综合地层情况、桩长和承载力增幅要求等因素确定，可在离桩底5~15m以上、桩顶8m以下，每隔6~12m设置一道桩侧注浆阀，当有粗粒土时，宜将注浆阀设置于粗粒土层下部，对于干作业成孔灌注桩宜设于粗粒土层中部。

对于非通长配筋桩，下部应有不少于2根与注浆管等长的主筋组成的钢筋笼通底。

钢筋笼应沉放到底，不得悬吊；下笼受阻时，不得撞笼、墩笼、扭笼。

（二）后注浆阀

注浆阀应能承受1MPa以上静水压力，注浆阀外部保护层应能抵抗砂石等硬质物的剐撞，而不损坏管阀。同时，注浆阀应具备逆止功能。

（三）浆液配比、终止注浆压力流量、注浆量

浆液的水灰比应根据土的饱和度与渗透性确定，对于饱和土，水灰比宜为0.45~0.65；对于非饱和土，水灰比宜为0.7~0.9。低水灰比浆液，宜掺入减水剂。

桩端注浆终止注浆压力，应根据土层性质及注浆点深度确定。对于风化岩、非饱和黏性土及粉土，注浆压力宜为3~10MPa；对于饱和土层，注浆压力宜为1.2~4MPa，软土宜取低值，密实黏性土宜取高值。

注浆流量不宜超过75L/min。

单桩注浆量的设计，应根据桩径、桩长、桩端桩侧土层性质、单桩承

载力增幅及是否采用复式注浆等因素来确定。可按下式估算：

$$G_C = \alpha_p d + \alpha_s n d$$

式中，α_p、α_s——桩端、桩侧注浆量经验系数，$\alpha_p = 1.5 \sim 1.8$，$\alpha_s = 0.5 \sim 0.7$，卵石、砾石、中粗砂取较高值；

n——桩侧注浆断面数，m；

G_C——注浆量，以水泥质量计，t。

后注浆作业开始前，宜进行注浆试验，优化并最终确定注浆参数。

（四）后注浆作业的起始时间、顺序和速率

（1）注浆作业宜于成桩 2 日后开始。

（2）注浆作业与成孔作业点的距离不宜小于 8m。

（3）对于饱和土中的复式注浆顺序，宜先桩侧后桩端；对于非饱和土，宜先桩端后桩侧；多断面桩侧注浆应先上后下；桩侧桩端注浆间隔时间不宜少于 2h。

（3）桩端注浆应对同一根桩的各注浆导管依次实施等量注浆。

（4）对于桩群注浆，宜先外围，后内部。

（五）终止注浆

（1）注浆总量和注浆压力均达到设计要求。

（2）注浆总量已达到设计值的 75%，且注浆压力超过设计值。

（3）注浆压力长时间低于正常值或地面出现冒浆或周围桩孔串浆，应改为间歇注浆，间歇时间宜为 30~60min，或调低浆液水灰比。

三、桩端后注浆的施工要点

（一）注浆施工流程

桩端及桩周对浆体而言是开放的空间，桩端注浆属隐蔽工程，目前的监测手段十分有限。要实现上述目标，则主要依赖好的注浆工艺。而好的注浆工艺建立在对桩端注浆机制的正确认识上，它要求因地制宜，严密设计，优质施工，适时调控。

(二)注浆头的制作

打孔包扎注浆头的桩端注浆管采用中 30~50mm 钢管,壁厚大于 2.8mm。注浆头制作是用榔头将钢管的底端砸成尖形开口,钢管底端 40cm 左右打上 4 排小孔;然后,在每个小孔中放上图钉(单向阀作用),再用绝缘胶布加硬包装带缠绕包裹,以防小孔被浇筑的混凝土堵塞。钢管可作为钢筋笼的一根主筋,用丝扣连接或外加短套管电焊,但要注意不能漏浆。

(三)注浆管的埋设

桩端注浆管每根桩一般应埋设 2 根注浆管。对桩径大于 1 500mm 的桩,宜埋设 3 根注浆管。桩长越长,注浆管直径应越大,注浆管底端原则上应比通长配筋的钢筋笼长 50~100mm。两管应沿钢筋笼内侧垂直且对称下放。管子连接可以采用丝扣连接或外接短套管(长约 20cm)焊接的办法。桩端注浆管一直通到桩顶,管顶端临时封闭。同时对有地下室的工程,注浆管在基坑开挖段内最好不要有接头,以避免漏浆。与此同时,预埋注浆管时,还应保护好注浆管,防止其弯曲。

桩侧注浆,即在设计要注浆的土层深度位置打孔,并临时封闭作为注浆部位。桩侧注浆是指仅在桩侧沿桩身的某些部位进行注浆。在桩侧设置不同深度的单管环形管进行注浆。环形管上,等距离设置若干注浆孔并临时封闭。注浆管埋设也应有记录表。

(四)桩底放置碎石的情况分析

对于持力层为黏土、粉土、基岩及含泥量大的沙砾层实行桩端注浆,有时为了增大桩端土层的可注性,则可在浇灌混凝土前放置少量碎石,以增大桩端土层的渗透性。但桩端放置碎石同样存在风险,万一某根桩注浆管堵塞而不可注,那么该桩就存在桩端土软弱的安全隐患。因此,对渗透性高的卵砾石层,一般不宜在桩端放置碎石。

(五)注浆泵的选择

注浆泵要求选择排浆量大(流量大于 5m³/h),最大注浆压力能达到

10MPa以上,注浆性能稳定,使用、维修方便的注浆泵。

(六)注浆顺序

从群桩桩位平面上讲,从内往外注,即从中心某根单注开始由内向外注,其优点是各桩注浆量能满足设计要求,缺点是扩散半径大,注浆压力低,整个群桩周边浆液扩散范围很大,不利于群桩周边边界的围合;从外往内注,其优点是群桩周边边界可以围合,但注到群桩中心注浆压力可能很大,注浆量有可能达不到设计要求。因此,对具体工程而言,注浆顺序要针对上部结构的整体性桩端持力层厚薄、渗透性好坏和设计要求及施工工艺来综合确定。

总之,确保达到设计的注浆量是关键。

(七)注浆的开始时间

泥浆护壁灌注桩水下混凝土初凝期需7d左右,因此,注浆时间宜在混凝土初凝后进行。注浆开塞过早,会导致因桩身混凝土强度过低而破坏桩本身。另外,可能因已开塞的管子由于承压水的砂子倒灌,使注浆管内充填砂子而堵塞;注浆开塞过晚,可能难以使桩端已硬化的混凝土形成注浆通道,从而使注浆头打不开。经多年的实践发现,在注浆头制作良好和注浆管理设正常的情况下,一般是边开塞边注浆,这样有利于群桩注浆。

(八)压水试验

压水试验(开塞)是注浆施工前必不可少的工序。成桩后至实施桩底注浆前,通过压水试验来了解桩底的可灌性。压水试验的情况是选择注浆工艺参数的重要依据之一。此外,压水试验还担负探明并疏通注浆通道、提高桩底可灌性的特殊作用。

压水试验不会影响注浆固结体的质量。这是因为,受注体是开放空间,无论是压水试验注入的水,还是注浆浆液所含的水,都将在注浆压力或地层应力下,逐渐从受注区向外渗透消散其多余的部分。

一般情况下,压水宜按2~3级压力顺次逐级进行,并要求有一定的压水时间与压水量,压水量一般控制在 0.5m³ 左右,开塞压力一般小于8MPa。

(九)浆液浓度

不同浓度的浆体,其行为特性有所不同。稀浆(水灰比约为0.7:1)便于输送,渗透能力强,可用于加固预定范围的周边地带;中等浓度浆体(水灰比约为0.5:1)主要用于加固预定范围的核心部分,在这里中等浓度浆体起充填、压实、挤密作用;而浓浆(水灰比约为0.4:1)的灌注,则是对已注入的浆体起脱水作用。水泥浆液应过筛,以去除水泥结块。

在桩底可灌性的不同阶段,调配不同浓度的注浆浆液,并采用相应的注浆压力,才能做到将有限浆量送达,并驻留在桩底有效的空间范围。浆液浓度的控制原则一般为:依据压水试验情况选择初注浓度,通常先用稀浆,随后渐浓,最后在桩端注浆快结束时注浓浆。

在可灌的条件下,尽量多用中等浓度以上的浆液,以防浆液无效扩散。

(十)注浆过程

对桩位图上同一承台或附近的桩,宜同时注浆。此外,对同一根桩宜边开塞边注浆。若开塞后久不注浆,那么由于地下水活动,砂子有可能从注浆头倒灌进注浆管内,从而堵塞注浆头。对同一根桩,若一根管注浆已能达到设计要求的注浆水泥量,那么另一根管可以不注浆。由于边打桩边注浆,浆液要流到正在打的桩孔中形成干扰,因此,最好能在打桩快结束时边开塞边注浆。需要注意的是,注浆过程要尽量保持浆液输送不停顿。

(十一)注浆量的确定

在桩底注浆设计中,注浆量是主控因素,注浆压力是辅控因素。在桩底注浆设计时,主要依据桩端持力层的厚度、扩散性、渗透性、桩承载力的提高要求、桩径大小、桩端沉渣的控制程度等,来确定单桩注浆量。桩端注浆量是以注入水泥量来计算的。注浆过程要记录单桩注浆量的数据。原则上,每根桩都要达到设计的注浆量。如果某根桩没达到设计注浆量但压力很高,则相邻桩应增加注浆量。

(十二)注浆压力

在注浆过程中,桩端可灌性的变化直接表现为注浆压力的变化。可灌性好,注浆压力则较低,一般在4MPa以下;反之,若可灌性较差,注浆压力势必较高,可达4~10MPa,有的用10MPa仍不可注。注浆过程是渗透、压密、劈裂交替进行的过程。浆液的扩散半径与灌浆压力的大小密切相关。因此,在施工中人们往往倾向于采用较高的注浆压力。较高的注浆压力能使一些微细孔隙张开,有助于提高可灌性。当孔隙被某些软弱材料充填时,较高的注浆压力能在充填物中造成劈裂灌浆,使软弱材料的密度、强度以及不透水性得到改善。此外,较高的注浆压力还有助于挤出浆液中的多余水分,使浆结合体的强度得到提高。但是,一旦灌浆压力超过桩的自重和摩阻力时,就有可能使桩上抬导致桩悬空。因此,这里有一个容许灌浆压力,它与地层的密实度、渗透性、初始应力、钻孔深度、浆液浓度及灌浆次序等有关。

(十三)注浆节奏与间歇注浆

为了使有限浆液尽可能充填并滞留在桩底有效空间范围,当注浆压力较高或桩顶冒浆时,在注浆过程中还需掌握注浆节奏,实行间歇注浆。间歇时间的长短需依据压水试验结果确定,并在注浆过程中依据注浆压力的变化,判断桩底的可灌性,来加以调节。间歇注浆的节奏需掌握得恰到好处,既要使注浆效果明显,又要防止因间歇停注时间过长阻塞通道而使注浆半途而废。对于短桩,桩底注浆时往往会出现浆液沿桩周上冒现象。此时,应在注入产生一定冒浆后暂时停止一段时间,待桩周浆液凝固后,再施行注浆,这样可以达到设计要求的注浆量。

(十四)终止注浆条件

终止注浆条件,主要以单桩注入水泥量达到设计要求为主控因素。

如果一根桩中单管注浆量能达到设计要求,则第二根管可以不注浆。

如果第一根管达不到设计要求,则打开第二根管注浆。但当第二根管注浆量仍不能达到设计要求时,那么实行间歇注浆,以达到设计注浆量为止;如果实行多次间歇注浆仍不能达到设计要求的单桩注浆量,那么当注浆压力连续达到8MPa且稳定在3min以上,则该桩终止注浆。同时,应对相邻桩适当加大注浆量。

如果桩顶冒浆,那么先停注一段时间,以让桩侧水泥浆凝固后再注。同时多次间歇注浆,以达到设计的注浆量。

(十五)注浆后桩的保养龄期

所谓注浆后的保养龄期,是指桩底注浆后可以做抗压静载试验的龄期。通常要求注浆后保养25d以上,使桩底浆液凝固,以取得真实的注浆桩基承载力。

四、后注浆桩基工程质量检查

后注浆桩基工程施工完成后,应提供水泥材质检验报告、压力表检定证书、试注浆记录、设计工艺参数、后注浆作业记录、特殊情况处理记录等资料。

在桩身混凝土强度达到设计要求的条件下,承载力检验应在后注浆完成20d后进行,浆液中掺入早强剂时,可于注浆完成15d后进行。

第八节　承台施工

一、承台构造要求

桩基承台的构造除应满足抗冲切、抗剪切、抗弯承载力和上部结构要

求,还应满足下列要求:

(1)柱下独立桩基承台的最小宽度不应小于500mm,边桩中心至承台边缘的距离不应小于直径或边长,且桩的外边缘至承台边缘的距离不应小于150mm。对于墙下条形承台梁,桩的外边缘至承台梁边缘的距离不应小于75mm。承台的最小厚度不应小于300mm。高层建筑平板式和梁板式筏形承台的最小厚度不应小于400mm,墙下布桩的剪力、墙结构筏形承台的最小厚度不应小于200mm。

(2)承台混凝土材料及其强度等级,应符合结构混凝土耐久性的要求和抗渗要求。

(3)柱下独立桩基承台纵向受力钢筋应通长配置;对四桩以上(含四桩)承台宜按双向均匀布置,对三桩的三角形承台应按三向板带均匀布置,且最里面的三根钢筋围成的三角形应在柱截面范围内。

(4)条形承台梁的纵向主筋应符合现行《混凝土结构设计规范》(GB50010-2010)关于最小配筋率的规定,主筋直径不应小于12mm,架立筋直径不应小于10mm,箍筋直径不应小于6mm。

(5)承台底面钢筋的混凝土保护层厚度,当有混凝土垫层时,不应小于50mm;无垫层时,不应小于70mm。此外,尚不应小于桩头嵌入承台内的长度。

(6)桩嵌入承台内的长度,对中等直径桩不宜小于50mm,对大直径桩不宜小于100mm。混凝土桩的桩顶纵向主筋应锚入承台内,其锚入长度不宜小于35倍纵向主筋直径。

(7)对于抗拔桩,桩顶纵向主筋的锚固长度应按现行《混凝土结构设计规范》(GB50010-2010)确定。对于大直径灌注桩,当一柱一桩时,可设置承台或将桩与柱直接连接。

(8)一柱一桩时,应在桩顶两个主轴方向上设置连系梁。当桩与柱的截面直径之比大于2时,可不设连系梁。两桩桩基的承台,应在其短向设置连系梁。有抗震设防要求的柱下桩基承台,宜沿两个主轴方向设置连系梁。

(9)连系梁顶面宜与承台顶面位于同一标高。连系梁宽度不宜小于

250mm,其高度可取承台中心距的1/10~1/15,且不宜小于400mm。连系梁配筋应按计算确定,梁上、下部配筋不宜小于2根直径12mm的钢筋;位于同一轴线上的连系梁纵筋宜通长配置。

(10)承台和地下室外墙与基坑侧壁间隙应灌注素混凝土,或采用灰土、级配砂石、压实性较好的素土分层夯实,其压实系数不宜小于0.94。

二、承台施工

桩基施工已全部完成,并按设计要求测量放出承台的中心位置,为便于校核,使基础与设计吻合,将承台纵、横轴线从基坑处引至安全的地方,并对轴线桩加以有效的保护。

桩基承台施工顺序宜先深后浅。当承台埋置较深时,应对邻近建筑物及市政设施采取必要的保护措施,在施工期间应进行监测。

基坑开挖前应对边坡支护形式、降水措施、挖土方案、运土路线及堆土位置编制施工方案,基坑支护的方法有钢板桩、地下连续墙、排桩(灌注桩)、水泥土搅拌桩、喷锚等。当地下水位较高需降水时,可根据周围环境情况采取内降水或外降水措施。

挖土应均衡分层进行,挖出的土方不得堆置在基坑附近。机械挖土时,必须确保基坑内的桩体不受损坏。基坑开挖结束后,做好桩基施工验收记录。应在基坑底留出排水盲沟及集水井,如有降水设施仍应维持运转。

在承台和地下室外墙与基坑侧壁间隙回填土前,应排除积水,清除虚土和建筑垃圾。填土应按设计要求选料,分层夯实,对称进行。

绑扎钢筋前,应将灌注桩桩头的浮浆部分和预制桩桩顶锤击面的破碎部分去除,桩体及其主筋埋入承台的长度应符合设计要求。当桩顶低于设计标高时,须用同级混凝土接高,在达到桩强度的50%以上时,再将埋入承台梁内的桩顶部分剔毛、冲净。当桩顶高于设计标高时,应预先剔凿,使桩顶伸入承台梁深度完全符合设计要求。钢管桩还应焊好桩顶连接件,并应按设计制作桩头和垫层防水。绑扎钢筋前,在承台砂浆底板上弹出承台中心线、钢筋骨架位置线。

按模板支撑结构示意图设置支撑拼装模板,并固定好。拼装模板时,应注意保证拼缝的密封性,以防止漏浆。

承台混凝土应一次浇筑完成,混凝土入槽宜采用平铺法。对大体积混凝土施工,应采取有效措施防止温度应力引起裂缝。混凝土浇筑完后,应及时收浆,立即进行养护。

对于冻胀土地区,必须按设计要求采取承台梁下防冻胀的处理措施,应将槽底虚土、杂物等垃圾清除干净。

三、承台工程验收

承台工程验收时,应提供下列资料:

(1)承台钢筋、混凝土的施工与检查记录。

(2)桩头与承台的锚筋、边桩离承台边缘距离、承台钢筋保护层记录。

(3)桩头与承台防水构造及施工质量。

(4)承台厚度、长度和宽度的量测记录及外观情况描述等。

承台工程验收除符合上述规定外,还应符合现行《混凝土结构工程施工质量验收规范》的规定。

第九节 桩基检测与验收

一、桩基检测方法

成桩的质量检验有两种方法:一种是静载试验法(又称破坏性试验法),另一种是动测法(又称动力无损检测法)。

（一）静载试验法

静载试验是对单根桩进行竖向抗压试验,通过静载加压的方式,确定单根桩的承载力。打桩后经过一段时间,待桩身与土体的结合趋于稳定,才能进行试验。对于预制桩,土质为砂类土,打桩完成后与试验的时间应不少于10d;对于粉土或黏性土,不应少于15d;对于淤泥或淤泥质土,不应少于25d。灌注桩在桩身混凝土达到设计强度等级的情况下,对于砂类土不少于10d,黏性土不少于20d,淤泥或淤泥质土不少于30d。桩的静载试验根数应不少于总根数的1%,且不少于3根。当总根数少于50根时,应不少于2根。

对桩身质量应进行检验,检验桩数不应少于总桩数的20%,且每根柱子承台下不得少于1根。一般静荷载试验可直观地反映桩的承载力和混凝土的浇筑质量,数据可靠。但其装置较复杂笨重,装卸操作费工费时,成本高,测试数据有限,且易破坏桩基。

（二）动测法

动测法是检测桩基承载力及桩身质量的一项新技术,作为静载试验的补充。动测法是相对于静载试验而言的,它是对桩体进行适当的简化处理,建立起数学—力学模型,借助现代电子技术与量测设备采集桩、土体系在给定的动荷载作用下所产生的振动参数,结合实际桩、土条件进行计算,所得结果与相应的静载试验结果进行比较,在积累一定数量的动静试验对比结果基础上,找出两者之间的某种相关关系,并以此作为标准来确定桩基承载力。应用波在混凝土中传播速度与传播时间的变化情况,即以波在不同阻抗和不同约束条件下的传播特性,用来检验、判断桩身是否存在断裂、夹层、颈缩、空洞等质量缺陷。

动测法试验仪器轻便灵活,检测速度快,不破坏桩基,检测结论可靠性强,检测费用低,可进行全面检测。但存在需要做大量的测试数据,需要静载试验来充实完善,需编写电脑软件,有所测的极限承载力,有时与静载荷试验数值离散性较大等问题。

二、桩基验收

（一）桩基验收规定

当桩基设计标高与施工场地标高相同时,桩基工程的验收应在施工结束后进行。当桩基设计标高低于施工场地标高时,可对护筒位置做中间验收,待承台和底板开挖到设计标高后,再做最终验收。

（二）桩基资料验收

桩基工程验收时,应提交下列资料:

（1）工程地质勘察报告、桩基施工图、图纸会审纪要、设计变更及材料代用通知单等。

（2）经审定的施工组织设计、施工方案及执行中的变更情况。

（3）桩位检测放线图,包括工程桩位复核签证单。

（4）成桩质量检查报告。

（5）单桩承载力检测报告。

（6）基坑挖至设计标高的基桩竣工平面图及桩顶标高图。

（三）桩基的允许偏差

1.预制桩

预制桩的桩位偏差应符合表3-2的规定。

表3-2　预制桩桩位的允许偏差

项次	项目	允许偏差(mm)
1	盖有基础梁的桩:垂直基础梁的中心线;沿基础梁的中心线	100+0.01H 150+0.01H
2	桩数为1~3根桩基中的桩	100
3	桩数为4~16根桩基中的桩	1/2桩径或边长
4	桩数大于16根桩基中的桩:最外边的桩;中间桩	1/3桩径或边长 1/2桩径或边长

注:H为施工现场场地标高与桩预设计标高的距离。

2.灌注桩

灌注桩在成桩后,桩顶标高至少要比设计标高高出500mm,桩底清孔按规范要求进行。每浇筑50m³必有一组试块,小于50m³的桩,每根必有一组试块。灌注桩桩位的允许偏差如表3-3所示:

表3-3　灌注桩桩位的允许偏差

序号	成孔方法		桩径允许偏差(mm)	垂直度允许偏差(%)	桩位允许偏差(mm)	
					1~3根桩、单排桩基垂直于中心线方向和群桩基础的边桩	条形桩基沿中心线方向和群桩基础的中间桩
1	泥浆护壁钻孔桩	D≤1 000mm	±50	<1	D/6,且不大于100	D/4,且不大于150
		D≥1 000mm	±50		100+0.01H	150+0.01H
2	套管成孔灌注桩	D≤500mm	-20	<1	70	150
		D>500mm	-20		100	150
3	干作业成孔灌注桩		-20	<1	70	150
4	人工挖孔灌注桩	混凝土护壁	+50	<0.5	50	150
		钢套管护壁	+50	<1	100	200

注:桩径允许偏差的负值是指个别断面;采用复打法、反插法施工的桩,其桩径允许偏差不受本表限制;H为施工现场场地标高与桩顶设计标高的距离,D为设计桩径。

三、桩基工程安全技术

打桩前,应对现场进行详细的踏勘和调查,对地下的各类管线和周边的建筑物有影响的,应采取有效的加固措施和隔离措施,确保施工安全。

机具进场要注意危桥、陡坡和防止碰撞电杆、房屋等,以免造成事故。

施工前,应全面检查机械,发现问题及时解决,严禁带病作业。

机械操作人员必须经过专门培训,熟悉机械操作性能,经专业部门考核取得操作证后,方可上岗作业。

在打桩过程中,遇地坪隆起或下陷时,应随时对桩架及路轨调平或垫平。

护筒埋设完毕、灌注混凝土完毕后的桩坑应加以保护,避免人和物品掉入而发生事故。

打桩时,桩头垫料严禁用手拨正,不要在桩锤未打到桩顶即起锤或过早刹车,以免损坏桩基设备。

桩机操作时,注意钻机安定平稳,以防止钻架突然倾倒或钻具突然下落而发生事故。

所有现场作业人员必须佩戴安全帽,特种作业人员应佩戴专门的防护工具。

所有现场人员严禁酒后上岗。

施工现场的一切电源、电路的安装和拆除都必须由专业电工操作。电器必须严格接地、接零和使用漏电保护器。

第十节 沉井基础

沉井是用混凝土等建筑材料制成的井筒结构物。施工时,先就地制作第一节井筒,然后用适当的方法在井筒内挖土,使沉井在自重作用下克服阻力而下沉。随着沉井的下沉,逐步加高井筒,沉到设计标高后,在其下端浇筑混凝土封底,如沉井作为地下结构物使用,则在其上端再接筑上部结构;如只作为建筑物基础使用的沉井,常用素混凝土或砂石填充井筒。

一、沉井的特点

沉井的特点是埋深较大,整体性强,稳定性好,具有较大的承载面积,能承受较大的垂直荷载和水平荷载。此外,沉井既是基础,又是施工时的挡土和挡水围堰结构物,其施工工艺简便,技术稳妥可靠,无须特殊专业设备,并可做成补偿性基础,避免过大沉降,在深基础或地下结构中应用较为广泛,如桥梁墩台基础、地下泵房、水池、油库、矿用竖井以及大型设备基础、高层和超高层建筑物基础等。但沉井基础施工工期较长,对粉砂、细砂类土在井内抽水时易发生流沙现象,造成沉井倾斜;沉井下沉过程中,如遇到大孤石、树干或井底岩层表面倾斜过大,也会给施工带来一定的困难。

沉井最适宜于不太透水的土层,易于控制下沉方向。一般下列情况下,可考虑采用沉井基础:①上部结构荷载较大,表层地基土承载力不足,而在一定深度下有较好的持力层,且与其他基础方案相比较为经济合理。②在山区河流中,虽然土质较好,但冲刷大,且河中有较大卵石,不便于桩基础施工。③岩层表面较平坦且覆盖层较薄,但河水较深,采用扩大基础施工围堰有困难。

二、沉井基础类型

(一)按施工方法分类

根据不同的施工方法,可将沉井分为一般沉井和浮运沉井。一般沉井指直接在基础设计的位置上制造,然后挖土,依靠井壁自重下沉。若基础位于水中,则先人工筑岛,再在岛上筑井下沉。浮运沉井指先在岸边预制,再浮运就位下沉的沉井。通常在深水地区(如水深大于10m),或水流流速大,有通航要求,人工筑岛困难或不经济时,可采用浮运沉井。

(二)按井壁材料分类

根据不同的井壁材料,可将沉井分为混凝土沉井、钢筋混凝土沉井、竹筋混凝土沉井和钢沉井。混凝土沉井因抗压强度高,抗拉强度低,多做成圆形,且仅适用于下沉深度不大(4~7m)的松软土层。钢筋混凝土沉井抗压和抗拉强度高,下沉深度大,可做成重型或薄壁就地制造下沉的沉井,也可做成薄壁浮运沉井及钢丝网水泥沉井等,在工程中应用最广。沉井主要在下沉阶段承受拉力,因此在盛产竹材的南方,也可采用耐久性差而抗拉力好的竹筋代替部分钢筋,做成竹筋混凝土沉井。钢沉井由钢材制作,强度高、质量轻、易于拼装,适用于制造空心浮运沉井,但用钢量大,国内应用较少。此外,根据工程条件,也可选用木沉井和砌石圬工沉井等。

(三)按平面形状分类

根据沉井的平面形状,可分为圆形、矩形和圆端形三种基本类型。

圆形沉井在下沉过程中易于控制方向,若采用抓泥斗挖土,可比其他沉井更能保证其刃脚均匀地支承在土层上;在侧压力作用下,井壁仅受轴向应力作用,即使侧压力分布不均匀,弯曲应力也不大,能充分利用混凝土抗压强度大的特点,多用于斜交桥或水流方向不定的桥墩基础。

矩形沉井制造方便,受力有利,能充分利用地基承载力。沉井四角一般为圆角,以减少井壁摩阻力和除土清孔的困难。在侧压力作用下,井壁受较大的挠曲力矩,流水中阻水系数较大,冲刷较严重。

圆端形沉井控制下沉、受力条件、阻水冲刷均较矩形有利,但施工较为复杂。对平面尺寸较大的沉井,可在沉井中设隔墙,构成双孔或多孔沉井,以改善井壁受力条件及均匀取土下沉。

(四)按剖面形状分类

根据沉井的剖面形状,可分为柱形、阶梯形和锥形沉井。柱形沉井井壁受力较均衡,下沉过程中不易发生倾斜,接长简单,模板可重复利用,但井壁侧阻力较大,若土体密实、下沉深度较大,易下部悬空,造成井壁拉裂。一般多用于入土不深或土质较松软的情况。阶梯形沉井和锥形沉井井壁侧阻力较小,抵抗侧压力性能较合理,但施工较复杂,模板消耗多,沉井下沉过程中易发生倾斜,多用于土质较密实、沉井下沉深度大、自重较小的情况。通常锥形沉井井壁坡度为1/20~1/40,阶梯形沉井井壁的台阶宽为100~200mm。

三、沉井基础施工

沉井基础的施工大致分为以下几个步骤：

（1）整平场地，定位。

（2）在刃脚与隔墙位置铺设砂垫层，厚度≥50cm。在砂垫层上铺木板，以免沉井时产生不均匀下沉，应使垫层底的压力≤100kPa。

（3）沉井制作。

（4）井身强度达到70%时，抽撤垫木。抽撤顺序应明确规定。通常是对称拆除，先拆隔墙下垫木，再拆短边井壁下垫木，长边下垫木最后拆。抽去垫木后往空隙处填砂，使沉井重址逐步落到砂垫层上。

（5）挖土下沉。视沉井穿越的地层情况，挖土可分为排水下沉、不排水下沉、中心岛式下沉。

（6）排水下沉。用于井内抽水时不致产生流沙的情况，可用水枪冲松砂土，或再用吸泥机将泥浆吸出井外。遇砂卵石，则可用抓斗或人工出土。

（7）不排水下沉。地下水涌水量大，极易形成流沙，应采用不排水下沉，并应使井内水位高于地下水位1~2m，使水由井内向外渗流，至少也要保证井内外水位等高，用抓斗或钻吸机排土。

（8）中心岛式下沉。为进一步减少施工引起的地表沉降对周围建筑物和环境的影响问题，近年来国内外创造了中心岛式下沉法，其特点是：井壁较薄，沉井壁的内外两侧处在泥浆护壁槽中。挖槽吸泥机沿井壁内侧一面挖槽，一面向槽内补浆，沉井随挖槽加深而随之下沉。槽中泥浆维持在适当的高度，以保证槽壁土体稳定，并使沉井刃脚徐徐地挤土下沉。

（9）沉井达到稳定要求后，再开挖井内土层。这种沉井施工新工艺可使地表仅产生微量沉降和位移。

（10）接长井壁。当沉井沉至外露地面部分只有1m左右时，可停止挖土，在地面接长井壁，接长部分一般不超过5m。

（11）继续挖土下沉。如此重复直至沉井达到设计标高。必要时，刃脚斜面附近的地基要适当加固，以承受沉井的荷载。

（12）封底。可采用干浇混凝土或水下浇混凝土封底。封底后地下水不能进入井内，以使下面可进行干作业，以填实沉井或制底板。

（13）用水泥砂浆置换沉井外的触变泥浆。

（14）制顶板。

四、沉井施工常见问题及处理办法

（一）突沉

当刃脚下无土，沉井没有下部支承，周围又是软土时易产生突沉，其可达2~3m，常令沉井倾斜或超沉。为此，在施工中要均匀挖土。刃脚处挖土一次不宜过深，踏步应有足够宽度，或增设底梁，以增加支承面积。

（二）沉井倾斜

由于挖土不对称或不均匀，下沉中的沉井常常发生倾斜。防止倾斜的办法是在施工中紧密跟踪监测，发现倾斜时，立即在相反一侧加紧挖土或压重，或者用高压射水冲松土层，以纠正倾斜。

（三）下沉太慢或不下沉

首先应判定下沉太慢或不下沉的原因，如摩阻力大，则在井外射水冲刷，或加压重；如遇大石、树根等障碍，可进行小型爆破或人工潜水清除；如踏面下土硬，则尽量将刃脚下的土挖除。若用触变泥浆助沉，则应进行补浆，或改变泥浆配比。

第四章 混凝土结构工程及其施工技术

第一节 模板工程及其施工技术

模板工程的施工工艺包括模板的选材、选型、设计、制作、安装、拆除和周转等过程。模板工程是钢筋混凝土结构工程施工的重要组成部分，特别是在现浇钢筋混凝土结构工程施工中占有突出的地位,将直接影响施工方法和施工机械的选择,对施工工期和工程造价也有一定的影响。

模板的材料宜选用钢材、胶合板、塑料等;模板支架的材料宜选用钢材等。当采用木材时,其树种可根据各地区的实际情况选用,材质不宜低于Ⅲ等材。

一、模板的作用、要求和种类

模板系统包括模板、支架和紧固件三部分。模板又称模型板,是现浇混凝土成形用的模型。

模板及其支架的要求:能保护工程结构和构件各部分形状尺寸及相互位置的正确;具有足够的承载能力、刚度和稳定性,能可靠地承受新浇混凝土的自重,侧压力及施工荷载;模板构造宜求简单,装拆方便,便于钢筋的绑扎、安装、混凝土浇筑及养护等;模板的接缝不应漏浆。

模板及其支架按其所用的材料不同,分为木模板、钢模板、钢木模板、钢竹模板、胶合板模板、塑料模板、铝合金模板等;按其结构的类型不同,分为基础模板、柱子模板、楼板模板、墙模板、壳模板和烟囱模板等:按其形式不同,分为整体式模板、定型模板、工具式模板、滑升模板、胎模等。这里,简要介绍几种模板的特点及用途。

(一)木模板

木模板的特点是加工方便,能适应各种变化形状模板的需要,但周转率低,耗木材多。木模板一般预先加工成拼板,然后在现场进行拼装。拼板由板条拼钉而成,板条厚度一般为25~30mm,其宽度不宜超过700mm(工具式模板不超过150mm),拼条间距一般为400~500mm,视混凝土的侧压力和板条厚度而定。

(二)基础模板

基础的特点是高度不大而体积较大,基础模板一般利用地基或基槽(坑)进行支撑。安装时,要保证上下模板不发生相对位移,如为杯形基础,则还要在其中放入杯口模板。阶梯形基础模板如为杯形基础,则还应设杯口芯模。当土质良好时,基础的最下一阶可不用模板,而进行原槽灌筑。模板应支撑牢固,保证上下模板不产生位移。

(三)柱子模板

柱子的特点是断面尺寸不大但比较高。柱子模板由内拼板夹在两块外拼板之内组成,为利用短料,可利用短横板(门子板)代替外拼板钉在内拼板上。为承受混凝土的侧应力,拼板外沿设柱箍,其间距与混凝土侧压力、拼板厚度有关,为500~700mm。柱模底部有钉在底部混凝土上的木框,用以固定柱模的位置。柱模顶部有与梁模连接的缺口,背部有清理孔,沿高度每2m设浇筑孔,以便浇筑混凝土。对于独立柱模,其四周应加支撑,以免混凝土浇筑时产生倾斜。

(四)梁、楼板模板

梁的特点是跨度大而宽度不大,梁底一般是架空的;楼板的特点是面积大而厚度较薄,侧向压力小。

梁模板由底模、侧模和夹木及支架系统组成。底模承受垂直荷载,一般较厚。底模用长条模板加拼条拼成,或用整块板条。底模下有支柱(顶撑)或桁架承托。为减少梁的变形,支柱的压缩变形或弹性挠变不超过结构跨度的1/1 000。支柱底部应支承在坚实的地面或楼面上,以防下沉。为便于调整高度,宜用伸缩式顶撑或在支柱底部垫以木楔。多层建筑施工中,安装上层楼的楼板时,其下层楼板应达到足够的强度,或设有足够的支柱,梁跨度等于及大于4m时,底模应起拱,起拱高度一般为梁跨度的1/1 000~3/1 000。

梁侧模板承受混凝土侧压力,为防止侧向变形,底部用夹紧条夹住,顶部可由支撑楼板模板的木搁栅顶住,或用斜撑支牢。

楼板模板多用定型模板,它支承在木搁栅上,木搁栅支承在梁侧模板外的横档上。

(五)楼梯模板

楼梯模板的构造与楼板模板相似,不同点是楼梯模板要倾斜支设,且要能形成踏步。踏步模板分为底板及梯步两部分。平台、平台梁的模板同前。

(六)定型组合钢模板

定型组合钢模板是一种工具式定型模板,由钢模板和配件组成,配件包括连接件和支承件。

钢模板通过各种连接件和支承件可组合成多种尺寸、结构和几何形状的模板,以适应各种类型建筑物的梁、柱、板、墙、基础和设备等施工的需要,也可用其拼装成大模板、滑模、隧道模和台模等。

施工时可在现场直接组装,也可预拼装成大块模板或构件模板,用起重机吊运安装。定型组合钢模板组装灵活,通用性强,拆装方便;每套钢模可重复使用50~100次;加工精度高,浇筑混凝土的质量好,成型后的混凝土尺寸准确,棱角整齐,表面光滑,可以节省装修用工。

二、模板的安装与拆除

(一)模板的安装

模板及其支架在安装过程中,必须设置防倾覆的临时固定设施。对现浇多层房屋和构筑物,应采取分层分段支模的方法。

普通模板安装时,应注意以下几点:

(1)模板安装必须按施工方案要求进行,未经工程技术人员批准,不得任意变动。

(2)模板安装过程中不得上下交叉作业。上、下楼层均施工时,进出口应采取安全防护措施。

(3)模板及其支撑在安装过程中,必须有防倾倒的临时固定设施;对已立好的支撑上端必须进行有效固定,支撑下端应安装水平拉杆。

(4)现浇多层结构在安装上层结构模板及其支撑时,下层结构必须有承受上层荷载的能力,或下层架设有足够的支撑。上、下层支撑柱应在同一竖向中心线上。支撑柱底的垫板应平整,垫板长度至少应能承受两个的支承点,并应确保垫板的强度和稳定性。

(5)支撑柱接长使用时,应保证接头的承载力和稳定。

(6)支撑柱沿高度方向,每2.0m内应设双向水平拉杆,拉杆端部应与坚固物连接。当无坚固物时,应设剪刀撑,使其能足够承受柱端的水平力。

(7)门式钢管脚手架等用作模板支撑时,其搭设安装应遵守相关规范的规定。

(8)模板上的预留空洞应加盖或设防护栏杆。安装边缘部位的模板或悬挑构件的模板时,应按规定进行临边防护。

(二)模板的拆除

模板拆除取决于混凝土的强度、模板的用途、结构的性质、混凝土硬化时的温度及养护条件等。及时拆模可以提高模板的周转率;拆模过早会因混凝土的强度不足,在自重或外力作用大而产生变形甚至裂缝,造成质量事故。因此,合理地拆除模板对提高施工技术的经济效益至关重要。

1.拆模的要求

(1)对于现浇混凝土结构工程施工时,模板和支架拆除应符合下列规定:

第一,侧模,在混凝土强度能保护其表面及棱角不因拆除模板而受损坏后,方可拆除。

第二,底模、混凝土的强度符合表4-1的规定,方可拆除。

表4-1　底模、混凝土的强度

结构类型	结构跨度(m)	按设计的混凝土强度标准值的百分率计(%)
板	≤2	50
	<2,≤8	75
	<8	100
梁、拱	≤8	75
	>8	100
悬臂构件	≤2	75
	>2	100

注:"设计的混凝土强度标准值"是指与设计混凝土等级相应的混凝土立方抗压强度标准值。

(2)对预制构件模板拆除时的混凝土强度,应符合设计要求;当设计无具体要求时,应符合下列规定:

第一,侧模。在混凝土强度能保证构件不变形、棱角完整时,才允许拆除侧模。

第二,芯模或预留孔洞的内模。在混凝土强度能保证构件和孔洞表面不发生坍陷和裂缝后,方可拆除。

第三,底模。当构件跨度不大于4m时,在混凝土强度符合设计的混凝土强度标准值的50%的要求后,方可拆除;当构件跨度大于4m时,在混凝土强度符合设计的混凝土强度标准值的75%的要求后,方可拆模。

已拆除模板及其支架后的结构,只有当混凝土强度符合设计混凝土强度等级的要求时,才允许承受全部荷载;当施工荷载产生的效应比使用荷载的效应更为不利时,对结构必须经过核算,能保证其安全可靠性或经加设临时支撑加固处理后,才允许继续施工。拆除后的模板应进行清理、涂刷隔离剂,分类堆放,以便使用。

2.拆模的顺序

模板拆除时,拆模的顺序和方法应按模板的设计规定进行。当设计无规定时,可采取先支的后拆、后支的先拆。先拆除侧模板,后拆除底模板。对于肋形楼板的拆模顺序,首先拆除柱模板,然后拆除楼板底模板、梁侧模板,最后拆除梁底模板。

多层楼板模板支架的拆除,应按下列要求进行:

(1)上层楼板正在浇筑混凝土时,下一层楼板的模板支架不得拆除,再下一层楼板模板的支架仅可拆除一部分。

(2)跨度≥4m的梁均应保留支架,其间距不得大于3m。

3.拆模的注意事项

(1)模板拆除时,不应对楼层形成冲击荷载。

(2)拆除的模板和支架宜分散堆放并及时清运。

(3)拆模时,应尽量避免混凝土表面或模板受到损坏。

(4)拆下的模板,应及时加以清理、修理,按尺寸和种类分别堆放,以便下次使用。

(5)若定型组合钢模板背面油漆脱落,应补刷防锈漆。

(6)已拆除模板及支架的结构,应在混凝土达到设计的混凝土强度标准后,才允许承受全部使用荷载。

(7)当承受施工荷载产生的效应比使用荷载更为不利时,必须经过核算,并加设临时支撑。

第二节　钢筋工程及其施工技术

一、钢筋的分类

钢筋混凝土结构所用的钢筋,按生产工艺分为:热轧钢筋、冷拉钢筋、冷拔钢筋、冷轧钢筋、热处理钢筋、碳素钢丝、刻痕钢丝和钢绞线等;按轧制外形分为:光圆钢筋和变形钢筋(月牙形、螺旋形、人字形钢筋);按钢筋直径大小分为:钢丝(直径3~5mm)、细钢筋(直径6~10mm)、中粗钢筋(直径12~20mm)和粗钢筋(直径大于20mm)。

此外,钢筋出厂时应附有出厂合格证明书或技术性能及试验报告证书。

钢筋运至现场,在使用前需要经过加工处理。钢筋的加工处理主要工序有冷拉、冷拔、除锈、调直、下料、剪切、绑扎及焊(连)接等。

二、钢筋的验收和存放

钢筋混凝土结构和预应力混凝土结构的钢筋,应按下列规定选用:普通钢筋,即用于钢筋混凝土结构中的钢筋及预应力混凝土结构中的非预应力钢筋,宜采用HRB400和HRB335,也可采用HPB235和RRB400钢筋;预应力钢筋宜采用预应力钢绞线、钢丝,也可采用热处理钢筋。钢筋混凝土工程中所用的钢筋,均应进行现场检查验收,合格后方能入库存放、待用。

(一)钢筋的验收

钢筋进场时,应按现行国家标准《钢筋混凝土用热轧带肋钢筋》等的规定,抽取试件做力学性能检验,其质量必须符合有关标准的规定。

验收内容:查对标牌,检查外观,并按有关标准的规定抽取试样进行力学性能试验。钢筋的外观检查包括:钢筋应平直、无损伤,表面不得有裂纹、油污颗粒状或片状锈蚀;钢筋表面凸块不允许超过螺纹的高度;钢筋的外形尺寸应符合有关规定。

做力学性能试验时,从每批中任意抽出两根钢筋,每根钢筋上取两个试样分别进行拉力试验(测定其屈服点、抗拉强度、伸长率)和冷弯试验。

(二)钢筋的存放

钢筋运至现场后,必须严格按批分等级、牌号、直径、长度等挂牌存放,并注明数量,不得混淆。应堆放整齐,避免锈蚀和污染;堆放钢筋的下面要加垫木,离地一定距离,一般为20cm;有条件时,尽量堆入仓库或料棚内。

三、钢筋连接

钢筋的连接方法有焊接、绑扎连接、机械连接。

(一)焊接

钢筋的焊接接头,是节约钢材,提高钢筋混凝土结构和构件质量,加快工程进度的重要措施。

1.钢筋对焊

钢筋对焊应采用闪光对焊,具有成本低、质量好、功效高及适用范围广等特点。根据钢筋级别、直径和所用焊机的功率,闪光对焊工艺可分连续闪光焊、预热闪光焊、闪光-预热-闪光焊三种。

（1）连续闪光焊

连续闪光焊的工艺包括连续闪光和顶锻过程。施焊,闭合电源,使两钢筋端面轻微接触;此时,端面接触点很快熔化并产生金属蒸汽飞溅,形成闪光现象;接着缓慢移动钢筋,形成连续闪光过程,同时接头被加热;待接头烧平、除去杂质和氧化膜、自热熔化时,立即施加轴向压力迅速进行顶锻,使两根钢筋焊牢。

（2）预热闪光焊

预热闪光焊的工艺包括预热、连续闪光及顶锻过程,即在连续闪光焊前增加了一次预热过程,使钢筋预热后,再进行连续闪光烧化,加压顶锻。

（3）闪光-预热-闪光焊

在预热闪光焊前面增加了一次闪光过程,使不平整的钢筋端面烧化平整,预热均匀,最后进行加压顶锻。

2. 电弧焊

电弧焊是利用电弧焊机使焊条和焊件间产生高温电弧,熔化焊条和高温电弧范围内的焊件金属;熔化的金属凝固后,形成焊接接头。焊接时,先将焊件和焊条分别与焊机的两极相连,将焊条端部与焊件轻轻接触,随即提起2~4mm,引燃电弧,以熔化金属。

钢筋电弧焊接头主要有三种形式,即搭接焊、帮条焊和坡口焊。

（1）搭接焊

搭接接头钢筋应先预弯,以保证两根钢筋的轴线在一条直线上。

（2）帮条焊

主筋端面间的间隙为2~5mm,帮条宜采用与主筋同级别、同直径的钢筋制作。如帮条级别与主筋相同时,帮条的直径可以比主筋直径小一个规格;如帮条直径与主筋相同时,帮条钢筋的级别可比主筋低一个级别。

（3）坡口焊

坡口接头多用于在施工现场焊接装配式结构接头处钢筋。坡口焊分为平焊和立焊。施焊前先将钢筋端部制成坡口。

钢筋坡口平焊采用V形坡口,坡口夹角为60°,两根钢筋间的空隙为3~5mm,下垫钢板,然后施焊。钢筋坡口立焊采用40°~55°坡口。

装配式结构接头钢筋坡口焊施焊时,应由两名焊工对称施焊,合理选择施焊顺序,以防止或减少由于施焊而引起的结构变形。

3.电渣压力焊

电渣压力焊是利用电流通过渣池产的电阻热将钢筋端部熔化,然后施加压力使钢筋焊接。钢筋电渣压力焊分为手工操作和自动控制。采用自动电渣压力焊时,主要设备是自动电渣焊机。

电渣压力焊的焊接参数为焊接电流、渣池电压和通电时间等,可根据钢筋直径选择。

电渣压力焊的接头应按规范规定的方法检查外观质量和进行试样拉伸试验。

4.埋弧压力焊

埋弧压力焊是利用埋在焊接接头处的焊剂下的高温电弧,熔化两焊件焊接接头处的金属,然后加压顶锻形成焊接接头。埋弧压力焊用于钢筋与钢板"丁"字形接头的焊接。这种焊接方法工艺简单,比电弧焊的工效高、质量好。

5.气压焊

钢筋气压焊是利用乙炔、氧气混合气体燃烧的高温火焰,加热钢筋结合端部,不待钢筋熔融使其高温下加压接合。气压焊的设备包括供气装置、加热器、加压器和压接器等。

(二)绑扎连接

钢筋绑扎安装前,先熟悉施工图纸,核对钢筋配料单和料牌,研究钢筋安装和与有关工种配合的顺序,准备绑扎用的铁丝、绑扎工具、绑扎架等。

1.绑扎要求

钢筋的交叉点应用铁丝扎牢。柱、梁的箍筋,除设计有特殊要求外,应与受力钢筋垂直;箍筋弯钩叠合处,应沿受力钢筋方向错开设置。柱中竖向钢筋搭接时,角部钢筋的弯钩平面与模板面的夹角,矩形柱应为45°,多边形柱应为模板内角的平分角。

板、次梁与主梁交叉处,板的钢筋在上,次梁的钢筋居中,主梁的钢筋在下;当有圈梁或垫梁时,主梁的钢筋应放在圈梁上。

2. 绑扎接头

同一构件中相邻纵向受力钢筋的绑扎搭接接头宜相互错开。

（三）机械连接

钢筋机械连接有挤压连接、锥螺纹连接和直螺纹连接。

1. 挤压连接

钢筋挤压连接是把两根待接钢筋的端头先插入优质钢套筒内,然后用挤压连接设备沿径向或轴向挤压钢套筒,使之产生塑性变形,依靠变形后的钢套筒与被连接钢筋纵、横肋产生的机械咬合作用,实现钢筋的连接。

挤压连接分径向挤压连接和轴向挤压连接。径向挤压连接是采用挤压机和压模,沿套筒直径方向,从套筒中间依次向两端挤压套筒,把插在套筒里的两根钢筋紧固成一体,形成机械接头。它适用于地震区和非地震区钢筋混凝土结构的钢筋连接施工。轴向挤压连接是采用挤压和压模的方式,沿钢筋轴线冷挤压金属套筒,把插入金属套筒里的两根待连接热轧钢筋紧固一体,形成机械接头。

挤压连接的主要设备有超高压泵、半挤压机、挤压机、压模、画线尺、量规等。

2. 锥螺纹连接

锥螺纹连接是将所连钢筋的对接端头在钢筋套丝机上加工成与套筒匹配的锥螺纹,然后将带锥形内丝的套筒用扭力扳手,按一定力矩值把两根钢筋连接起来,通过钢筋与套筒内丝扣的机械咬合,达到连接的目的。

3. 直螺纹连接

直螺纹连接是近年来开发的一种新的接入方式,它先把钢筋端部镦粗,然后再削直螺纹,最后用套筒实行钢筋对接。

四、钢筋的加工与安装

钢筋的加工有除锈、调直、下料剪切及弯曲成型等。钢筋加工的形状、尺寸应符合设计要求。

（1）除锈：钢筋除锈一般可以通过两个途径，大量钢筋除锈可通过钢筋冷拉或在钢筋调直机调直过程中完成。少量的钢筋局部除锈可采用电动除锈机或人工用钢丝刷、砂盘以及喷砂和酸洗等方法进行。

（2）调直：钢筋调直宜采用机械方法，也可以采用冷拉法。对局部曲折、弯曲或成盘的钢筋，在使用前应加以调直。钢筋的调直方法有很多，常用的方法是使用卷扬机拉直和用调直机调直。

（3）切断：切断前，应将同规格钢筋长短搭配，统筹安排，一般先断长料，后断短料，以减少短头和损耗。钢筋切断可用钢筋切断机或手动剪切器。

（4）弯曲成型：钢筋弯曲的顺序是画线、试弯、弯曲成型。

画线主要根据不同的弯曲角在钢筋上标出弯折的部位，以外包尺寸为依据，扣除弯曲量度差值。钢筋弯曲有人工弯曲和机械弯曲。

（5）安装检查：钢筋安置位置的允许偏差和检验方法应符合表4-2的规定。

表4-2　钢筋安装位置的允许偏差和检验方法

项目			允许偏差(mm)	检验方法
绑扎钢筋网	长、宽		±10	钢尺检查
	网眼尺寸		±20	钢尺量连续三挡，取最大值
绑扎钢筋骨架	长		±10	钢尺检查
	宽、高		±5	钢尺检查
受力钢筋	间距		±10	钢尺量两端、中间各一点，取最大值
	排距		±5	
	保护层厚度	基础	±10	钢尺检查
		柱、梁	±5	钢尺检查
		板、墙、壳	±3	钢尺检查
绑扎箍筋、横向钢筋间距			±20	钢尺量连续三挡，取最大值
钢筋弯起点位置			20	钢尺检查
预埋件	中心线位置		5	钢尺检查
	水平高差		±3.0	

第三节 混凝土工程及其施工技术

混凝土工程包括配料、搅拌、运输、浇筑、振捣和养护等工序。各施工工序对混凝土工程质量都有很大的影响。因此,要使混凝土工程施工能保证结构具有设计的外形和尺寸,确保混凝土结构的强度、刚度、密实性、整体性及满足设计和施工的特殊要求,必须严格保证混凝土工程每道工序的施工质量。

一、混凝土的原料

水泥进场时,应对品种、级别、包装或散装仓号、出厂日期等进行检查。

当使用中对水泥质量有怀疑或水泥出厂超过3个月(快硬硅酸盐水泥超过1个月)时,应进行复验,并依据复验结果使用。

钢筋混凝土结构、预应力混凝土结构中,严禁使用含氯化物的水泥。

混凝土中掺外加剂的质量,应符合现行国家标准《混凝土外加剂》《混凝土外加剂应用技术规范》等与有关环境保护的规定。

混凝土中掺用矿物掺和料的质量,应符合现行国家标准《用于水泥和混凝土中的粉煤灰》等的规定。

普通混凝土所用的粗、细骨料的质量,应符合现行《普通混凝土用碎石或卵石质量标准及检验方法》《普通混凝土用砂质量标准及检验方法》的规定。

拌制混凝土宜采用饮用水;当采用其他水源时,水质应符合现行国家标准《混凝土拌和用水标准》的规定。

二、混凝土的搅拌

混凝土搅拌是将水、水泥和粗细骨料进行均匀拌和及混合的过程。同时，通过搅拌还要使材料起到强化、塑化的作用。混凝土可采用机械搅拌和人工搅拌。

（一）混凝土搅拌机

混凝土搅拌机按搅拌原理，可分为自落式和强制式两类。

自落式搅拌机多用于搅拌塑性混凝土和低流动性混凝土，根据其构造的不同又分为鼓筒式和双锥式。

强制式搅拌机多用于搅拌干硬性混凝土和轻骨料混凝土，也可以搅拌低流动性混凝土。强制式搅拌机又分为立轴式和卧轴式两种。卧轴式有单轴、双轴之分，而立轴式又分为涡桨式和行星式。

（二）混凝土搅拌

1.搅拌时间

混凝土的搅拌时间：从砂、石、水泥和水等全部材料投入搅拌筒起，到开始卸料为止所经历的时间。

搅拌时间与混凝土的搅拌质量密切相关，随搅拌机类型和混凝土的和易性不同而变化。在一定范围内，随搅拌时间的延长，强度有所提高，但过长时间的搅拌不仅不经济，而且混凝土的和易性将降低，反而影响混凝土的质量。加气混凝土还会因搅拌时间过长，而致使含气量下降。

2.投料顺序

投料顺序应从提高搅拌质量，减少叶片、衬板的磨损，减少拌和物与搅拌筒的黏结，减少水泥飞扬，改善工作环境，提高混凝土强度及节约水泥等方面综合考虑来确定。常用一次投料法和二次投料法。

一次投料法是在上料斗中先装石子，再加水泥和砂，然后一次投入搅拌筒中进行搅拌。

自落式搅拌机要在搅拌筒内先加部分水，投料时砂压住水泥，使水泥不飞扬，而且水泥和砂先进搅拌筒形成水泥砂浆，可缩短水泥包裹石子的时间。

强制式搅拌机出料口在下部，不能先加水，应在投入原材料的同时，缓慢、均匀、分散地加水。

二次投料法是先向搅拌机内投入水和水泥（和砂），待其搅拌1min后，再投入石子和砂继续搅拌到规定时间。这种投料方法，能改善混凝土性能，提高混凝土的强度，在保证规定的混凝土强度的前提下节约了水泥。

目前常用的方法有两种：预拌水泥砂浆法和预拌水泥净浆法。

预拌水泥砂浆法是指先将水泥、砂和水加入搅拌筒内进行充分搅拌，成为均匀的水泥砂浆后，再加入石子搅拌成均匀的混凝土。

预拌水泥净浆法是先将水泥和水充分搅拌成均匀的水泥净浆后，再加入砂和石子搅拌成混凝土。

与一次投料法相比，二次投料法可使混凝土强度提高10%~15%，节约水泥15%~20%。采用水泥裹砂石法拌制的混凝土，称为造壳混凝土（简称SEC混凝土）。它是分两次加水，两次搅拌，先将全部砂、石子和部分水倒入搅拌机拌和，使骨料湿润，我们称之为造壳搅拌。搅拌时间以45~75s为宜，再倒入全部水泥搅拌20s，加入拌和水和外加剂进行第二次搅拌，60s左右完成。

3.进料容量

进料容量是将搅拌前各种材料的体积累积起来的容量，又称干料容量。

进料容量与搅拌机搅拌的几何容量有一定比例关系。进料容量为出料容量的1.4~1.8倍（通常取1.5倍），如任意超载（超载10%），就会使材料在搅拌筒内无充分的空间进行拌和，影响混凝土的和易性；反之，装料过少，又不能充分发挥搅拌机的效能。

三、混凝土的运输

（一）混凝土运输的要求

运输中的全部时间不应超过混凝土的初凝时间。

运输中应保持匀质性,不应产生分层离析现象,不应漏浆;运至浇筑地点应具有规定的坍落度,并保证混凝土在初凝前能有充分的时间进行浇筑。

混凝土的运输道路要求平坦,应以最少的运转次数、最短的时间从搅拌地点运至浇筑地点。

从搅拌机中卸出后到浇筑完毕的延续时间,不宜超过表4-3的规定。

表4-3　混凝土从搅拌机中卸出后到浇筑完毕的延续时间

混凝土强度等级	延续时间(min)	
	气温<25℃	气温≥25℃
低于及等于C30	120	90
高于C30	90	60

注:掺用外加剂或采用快硬水泥拌制混凝土时,应按实验确定;轻骨料混凝土的运输、浇筑时间应适当缩短。

(二)运输工具的选择

混凝土运输分地面运输、垂直运输和楼面运输三种。

地面运输时,短距离多用双轮手推车、机动翻斗车,长距离宜用自卸汽车、混凝土搅拌运输车。

垂直运输可采用各种井架、龙门架和塔式起重机作为垂直运输工具。对于浇筑量大、浇筑速度比较稳定的大型设备基础和高层建筑,宜采用混凝土泵,也可采用自升式塔式起重机或爬升式塔式起重机运输。

楼面运输一般以双轮手推车为主。

(三)泵送混凝土

混凝土用混凝土泵运输,通常称为泵送混凝土。常用的混凝土泵有液压柱塞泵和挤压泵两种。

液压柱塞泵是利用柱塞的往复运动,将混凝土吸入和排出。

混凝土输送管有直管、弯管、锥形管和浇筑软管等,一般由合金钢、橡胶、塑料等材料制成,常用混凝土输送管的管径为100~150mm。

1.对原材料的要求

(1)粗骨料:碎石最大粒径与输送管内径之比不宜大于1:3;卵石不宜大于1:2.5。

(2)砂:以天然砂为宜,砂率宜控制在40%~50%,通过0.315mm筛孔的砂不少于15%。

(3)水泥:最少水泥用量为300kg/m³。

(4)混凝土:坍落度宜为100~200mm,混凝土内宜适量掺入外加剂。泵送轻骨料混凝土的原材料选用及配合比,应通过试验确定。

2.施工中应注意的问题

(1)输送管的布置宜短直,尽量减少弯管数,转弯宜缓,管段接头要严密,少用锥形管。

(2)混凝土的供料应保证混凝土泵能连续工作,不间断;正确选择骨料级配,严格控制配合比。

(3)泵送前,为减少泵送阻力,应先用适量与混凝土内成分相同的水泥浆或水泥砂浆润滑输送管内壁。

(4)泵送过程中,泵的受料斗内应充满混凝土,防止吸入空气形成阻塞。

(5)防止停歇时间过长。若停歇时间超过45min,应立即用压力或其他方法冲洗管内残留的混凝土.

(6)泵送结束后,要及时清洗泵体和管道。

(7)用混凝土泵浇筑的建筑物,要加强养护,防止龟裂。

四、混凝土的浇筑与振捣

(一)混凝土浇筑前的准备工作

(1)混凝土浇筑前,应对模板、钢筋、支架和预埋件进行检查。

(2)检查模板的位置、标高、尺寸、强度和刚度是否符合要求,接缝是否严密,预埋件位置和数量是否符合图纸要求。

(3)检查钢筋的规格、数量、位置、接头和保护层厚度是否正确。

(4)清理模板上的垃圾和钢筋上的油污,浇水湿润木模板。

(5)填写隐蔽工程记录。

(二)混凝土的浇筑

1.混凝土浇筑的一般规定

混凝土浇筑前不应发生离析或初凝现象,如已发生,必须重新搅拌。混凝土运至现场后,其坍落度应满足表4-4的要求。

表4-4　混凝土浇筑时的坍落度

结构种类	坍落度(mm)
基础或地面的垫层、无配筋的大体积结构(挡土墙、基础等)或配筋稀疏的结构	10~30
板、梁和大型及中型截面的柱子等	30~50
配筋密列的结构(薄壁、斗仓、筒仓、细柱等)	50~70
配筋特密的结构	70~90

混凝土自高处倾落时,其自由倾落高度不宜超过2m;若混凝土自由下落高度超过2m,应设串筒、斜槽、溜管或振动溜管等。

混凝土的浇筑工作,应尽可能连续进行。混凝土的浇筑应分段、分层连续进行,随浇随捣。

2.施工缝的留设与处理

如果由于技术或施工组织上的原因,不能对混凝土结构一次连续浇筑完毕,而必须停歇较长的时间,其停歇时间已超过混凝土的初凝时间,致使混凝土已初凝;当继续浇混凝土时,形成了接缝,即为施工缝。

(1)施工缝的留设位置

施工缝设置的原则,一般宜留在结构受力(剪力)较小且便于施工的部位。柱子的施工缝宜留在基础与柱子交接处的水平面上,或梁的下面,或吊车梁牛腿的下面、吊车梁的上面、无梁楼盖柱帽的下面。

高度大于1m的钢筋混凝土梁的水平施工缝,应留在楼板底面下20~30mm处,当板下有梁托时,留在梁托下部;单向平板的施工缝,可留在平行于短边的任何位置处;对于有主次梁的楼板结构,宜顺着次梁方向浇筑,施工缝应留在次梁跨度的中间1/3范围内。

(2)施工缝的处理

施工缝处继续浇筑混凝土时,应待混凝土的抗压强度不小于1.2MPa方可进行。

施工缝浇筑混凝土之前,应除去施工缝表面的水泥薄膜、松动石子和软弱的混凝土层,并加以充分湿润和冲洗干净,不得有积水。

浇筑时,施工缝处宜先铺水泥浆(水泥:水＝1:0.4),或与混凝土成分相同的水泥砂浆一层,厚度为30~50mm,以保证接缝的质量。浇筑过程中,施工缝应细致捣实,使其紧密结合。

3.混凝土的浇筑方法

(1)多层钢筋混凝土框架结构的浇筑

浇筑框架结构首先要划分施工层和施工段。施工层一般按结构层划分,而每一施工层的施工段划分,则要考虑工序数量、技术要求、结构特点等。

混凝土的浇筑顺序:先浇捣柱子,在柱子浇捣完毕后,停歇1~1.5h,使混凝土达到一定强度后,再浇捣梁和板。

(2)大体积钢筋混凝土结构的浇筑

大体积钢筋混凝土结构多为工业建筑中的设备基础及高层建筑中厚大的桩基承台或基础底板等。其特点是混凝土浇筑面和浇筑量大,整体性要求高,不能留施工缝,以及浇筑后水泥的水化热量大且聚集在构件内部,形成较大的内外温差,易造成混凝土表面产生收缩裂缝等。为保证混凝土浇筑工作连续进行,不留施工缝,应在下一层混凝土初凝之前,将上一层混凝土浇筑完毕。要求混凝土按不小于下述的浇筑量进行浇筑:

$$Q = \frac{FH}{T}$$

式中,Q为混凝土最小浇筑量(m³/h);F为混凝土浇筑区的面积(m²);H为浇筑层厚度(m);T为下层混凝土从开始浇筑到初凝所容许的时间间隔(h)。

大体积钢筋混凝土结构的浇筑方案,一般分为全面分层、分段分层和斜面分层三种。

①全面分层:在第一层浇筑完毕后,再回头浇筑第二层,如此逐层浇筑,直至完工。

②分段分层:混凝土从底层开始浇筑,进行2~3m后,再回头浇第二层,同样依次浇筑各层。

③斜面分层:要求斜坡坡度不大于1/3,适用于结构长度大大超过厚度3倍的情况。

（三）混凝土的振捣

振捣方式分为人工振捣和机械振捣两种。

1.人工振捣

利用捣锤或插钎等工具的冲击力来使混凝土密实成型,其效率低、效果差。

2.机械振捣

将振动器的振动力传给混凝土,使之发生强迫振动而密实成型,其效率高、质量好。

混凝土振动机械按其工作方式分为内部振动器、表面振动器、外部振动器和振动台等。这些振动机械的构造原理,主要是利用偏心轴或偏心块的高速旋转,使振动器因离心力的作用而振动。

（1）内部振动器

内部振动器又称插入式振动器,其适用于振捣梁、柱、墙等构件和大体积混凝土。

内部振动器的操作要点如下:

①振动器的振捣方法有两种:一是垂直振捣,即振动棒与混凝土表面垂直;二是斜向振捣,即振动棒与混凝土表面成40°~45°角。

②振捣器的操作要做到快插慢拔,插点均匀,逐点移动,顺序进行,不得遗漏,达到均匀振实的目的。振动棒的移动,可采用行列式或交错式。

③混凝土分层浇筑时,应将振动棒上下来回抽动50~100mm。同时,还应将振动棒深入下层混凝土中50mm左右。

④使用插入式振动器时,每一振捣点的振捣时间一般为20~30s;不允许将其支承在结构钢筋上或碰撞钢筋,不宜紧靠模板振捣。

（2）表面振动器

表面振动器又称平板振动器,是将电动机轴上装有左右两个偏心块的振动器固定在一块平板上而成。其振动作用可直接传递于混凝土面层上。

这种振动器适用于振捣楼板、空心板、地面和薄壳等薄壁结构。

（3）外部振动器

外部的振动器又称附着式振动器,它是直接安装在模板上进行振捣,利用偏心块旋转时产生的振动力通过模板传给混凝土,达到振实的目的。

外部的振动器适用于振捣断面较小或钢筋较密的柱子、梁、板等构件。

（4）振动台

振动台一般在预制厂用于振实干硬性混凝土和轻骨料混凝土,宜采用加压振动的方法,加压力为1~3kN/m²。

五、混凝土的养护

混凝土的凝结硬化是水泥水化作用的结果,而水泥水化作用必须在适当的温度和湿度条件下才能进行。混凝土的养护,就是使混凝土具有一定的温度和湿度,而逐渐硬化。混凝土养护分自然养护和人工养护。自然养护就是在常温（平均气温不低于5℃）下,用浇水或保水方法,使混凝土在规定的期间有适宜的温湿条件进行硬化。人工养护就是人工控制混凝土的温度和湿度,使混凝土强度增长,如蒸汽养护、热水养护、太阳能养护等,现浇结构多采用自然养护。

混凝土自然养护,是对已浇筑完毕的混凝土,应加以覆盖和浇水,并应符合下列规定:应在浇筑完毕后的12d内对混凝土加以覆盖和浇水;混凝土浇水养护的时间,对采用硅酸盐水泥、普通硅酸盐水泥或矿渣硅酸盐水泥拌制的混凝土,不得少于7d,对掺用缓凝型外加剂或有抗渗性要求的混凝土,不得少于14d;浇水次数应能保持混凝土处于湿润状态;混凝土的养护用水应与拌制用水相同。

对不易浇水养护的高耸结构、大面积混凝土或缺水地区,可在已凝结的混凝土表面喷涂塑性溶液,等溶液挥发后,形成塑性模,使混凝土与空气隔绝,阻止水分蒸发,以保证水化作用正常进行。

对地下建筑或基础,可在其表面涂刷沥青乳液,以防混凝土内水分蒸发。已浇筑的混凝土,强度达到1.2N/mm²后,方允许在其上往来人员,进行施工操作。

第五章 现代建筑工程施工技术与应用

第一节 绿色建筑工程施工技术

一、地基基础工程施工技术

(一)深基坑双排桩加旋喷锚桩支护的绿色施工技术

1.适用条件

双排桩加旋喷锚桩基坑支护方案的选定必须综合考虑工程的特点和周边的环境要求,在满足地下室结构施工以及确保周边建筑安全可靠的前提下,尽可能地做到经济合理,方便施工以及提高工效,其适用于如下情况:

(1)基坑开挖面积大,周长长,形状较规则,空间效应非常明显,尤其应慎防侧壁中段变形过大。

(2)基坑开挖深度较深,周边条件各不相同,差异较大,有的侧壁较空旷,有的侧壁条件较复杂;基坑设计应根据不同的周边环境及地质条件进行设计,以实现"安全、经济、科学"的设计目标。

(3)基坑开挖范围内如基坑中下部及底部存在粉土、粉砂层,一旦发生流砂,基坑稳定将受到影响。

2.双排桩加旋喷锚桩支护技术

（1）钻孔灌注桩结合水平内支撑支护技术

水平内支撑的布置可采用东西对撑并结合角撑的形式,该技术方案对周边环境影响较小,但该方案有两个不利问题:一是没有施工场地。从工程施工场地太过紧张这一因素考虑,若按该技术方案实施的话,则基坑无法分块施工。二是施工工期延长。内支撑的浇筑、养护、土方开挖及后期拆撑等施工工序均增加施工周期,建设单位无法接受。

（2）单排钻孔灌注桩结合多道旋喷锚桩支护技术

锚杆体系除常规锚杆以外,还有一种比较新型的锚杆形式,叫加筋水泥土桩锚。加筋水泥土是指插入加筋体的水泥土,加筋体可采用金属的或非金属的材料。它采用专门机具施作,直径为200~1 000mm,可以是水平向、斜向或竖向的等截面、变截面或有扩大头的桩锚体。加筋水泥土桩锚支护是一种有效的土体支护与加固技术,其特点是钻孔、注浆、搅拌和加筋一次完成。其适用于砂土、黏性土、粉土、杂填土、黄土、淤泥质土等土层中的基坑支护和土体加固。加筋水泥土桩锚可有效解决粉土、粉砂中锚杆施工时下锚筋困难的问题,且锚固体直径远大于常规锚杆锚固体直径,可提供的锚固力大于常规锚杆。

该技术可根据建筑设计后浇带的位置分块开挖施工,则场地有足够的施工作业面,并且相比内支撑可节约一定的工程造价。该技术不利的一点是:若采用"单排钻孔灌注桩结合多道旋喷锚桩"的支护形式,加筋水泥土桩锚下层土开挖时,上层的斜桩锚必须有14d以上的养护时间并已张拉锁定,多道旋喷锚桩的施工对土方开挖及整个地下工程施工会造成一定的工期影响。

（3）双排钻孔灌注桩结合一道旋喷锚桩支护技术

工程施工中,为满足建设单位的工期要求,需减少桩锚道数,但桩锚道数减少势必减少支点,引起围护桩变形及内力过大,对基坑侧壁安全造成较大的影响。双排桩支护形式前后排桩拉开一定距离,各自分担部分土压力,两排桩桩顶通过刚度较大的压顶梁连接,由刚性冠梁与前后排桩组成一个空间超静定结构,整体刚度很大,加上前后排桩形成与侧压力反向作用的力偶的原因,双排桩支护结构位移相比单排悬臂桩支护体系而言明显减少。但纯粹双排桩悬臂支护形式相比桩锚支护体系变形较大,且对于深11m的基坑很难有安全保证。综合考虑,为了既加快工期又保证基坑侧壁安全,应采用"双排钻孔灌注桩结合一道旋喷锚桩"的组合支护形式。

3.基坑支护设计技术

(1)基坑支护设计

基坑支护采用"上部放坡2.3m+花管土钉墙,下部前排ϕ800@1 500钻孔灌注桩、后排ϕ700@1 500钻孔灌注桩+一道旋喷锚桩"的支护形式,前后排的排距为2m,双排桩的布置形式采用矩形布置,灌注桩及压顶冠梁与连梁混凝土的设计强度等级均为C30。地下水的处理采用ϕ850@600三轴搅拌桩全封闭止水,结合坑内疏干井疏干的地下水处理技术方案。

旋喷锚桩的直径为500mm、长24m,内插3~4根ϕ15.2钢绞线,钢绞线端头采用ϕ150×10钢板锚盘,钢绞线与锚盘连接采用冷挤压方法,注浆压力为29MPa,向下倾斜15°/25°交替布置,设计抗拉力为35.69MPa。

在双排钻孔灌注桩顶用刚性冠梁连接,由冠梁与前后排桩组成一个空间桁架式结构体系,这种结构具有较大的侧向刚度,可以有效地限制支护结构的侧向变形,冠梁需具有足够的强度和刚度。

①等效刚度法设计计算:等效刚度法理论基于抗弯刚度等效原则,将双排桩支护体系等效为刚度较大的连续墙。这样,双排桩+锚桩支护体系就等效为连续墙+锚桩的支护形式,采用弹性支点法计算出锚桩所受拉力。例如,前排桩的直径为0.8m,桩间净距为0.7m,后排桩的直径为0.7m,桩间净距为0.8m,桩间土的宽度为1.25m,前后排桩的弹性模量为$3×10^4\mathrm{N/mm^2}$。经计算,可等效为2.12m宽的连续墙,该计算方法的缺点在于没能将前后排桩分开考虑,因此,无法计算前后排桩各自的内力。

②分配土压力法设计计算:根据土压力分配理论,前后排桩各自分担部分土压力,土压力分配比根据前后排桩桩间土体积占总的滑裂面土体体积的比例计算。假设前后排桩的排距为L,土体滑裂面与桩顶水平面

交线至桩顶距离为 L_o，则前排桩土压力分配系数 $a_r=2l/L_0-(l/L_0)^2$。将土压力分别分配到前后排桩上，则前排桩可等效为围护桩结合一道旋喷锚桩的支护形式，按桩锚支护体系单独计算；后排桩通过刚性压顶梁与前排桩连接，因此，后排桩桩顶作用有一个支点，可按围护桩结合一道支撑计算。该方法可分别计算出前后排桩的内力，弥补等效刚度法计算的不足，基坑前后排桩的排距为2m，根据计算可知前(后)排桩对土压力的分担系数为0.5。分配土压力法的设计人员通过以上两种方法对理论计算结果进行校核，得到最终的计算结果，从而为围护桩的配筋与旋喷锚桩的设计提供了可靠依据。

（2）支护体系的内力变形分析

基坑开挖必然引起支护结构变形和坑外土体位移，在支护结构设计中预估基坑开挖对环境的影响程度并选择相应的措施，能够为施工安全和环境保护提供理论指导。

4.基坑支护绿色施工技术

（1）旋喷锚桩绿色施工技术

加筋水泥土桩锚采用旋喷桩，考虑到施工对周边环境等的影响，施工的机具为专用机具，即慢速搅拌中低压旋喷机具。该钻机的最大搅拌旋喷直径达1.5m，最大施工(长)深度达35m，需搅拌旋喷直径为500mm，施工深度为24m。旋喷锚桩施工应与土方开挖紧密配合。正式施工前，应先开挖低于标高面向下300mm左右、宽度不小于6m的锚桩沟槽工作面，旋喷锚桩施工应采用钻进、注浆、搅拌、插筋的方法。水泥浆采用42.5级普通硅酸盐水泥，水泥掺入量为20%，水灰比为0.7(可视现场土层情况适当调整)，水泥浆应拌和均匀，随拌随用，一次拌和的水泥浆应在初凝前用完。旋喷搅拌的压力为29MPa，旋喷喷杆提升速度为20~25cm/min，直至浆液溢出孔外，旋喷注浆应保证扩大头的尺寸和锚桩的设计长度。锚筋采用3~4根φ15.2预应力钢绞线制作，每根钢绞线抗拉强度标准值为1 860MPa，每根钢绞线由7根钢丝铰合而成，桩外留0.7m，以便张拉。钢绞线穿过压顶冠梁时，自由段钢绞线与土层内斜拉锚杆要成一条直线，自由段部位钢绞线需加上塑料套管，并做防锈、防腐处理。

（2）钻孔灌注桩绿色施工技术

基坑钻孔灌注桩混凝土强度等级为水下C30,压顶冠梁混凝土等级C30,灌注桩保护层为50mm;冠梁及连梁结构保护层厚度为30mm;灌注桩沉渣厚度不超过100mm,充盈系数为1.05~1.15,桩位偏差不大于100mm,桩径偏差不大于50mm,桩身垂直度偏差不大于1/200。钢筋笼制作应仔细按照设计图纸进行,避免放样错误,并同时满足国家相关规范要求。灌注桩钢筋采用焊接接头,单面焊搭接长度为10d,双面焊搭接长度为5d,d为钢筋直径,同一截面接头不大于50%,接头间相互错开35d,坑底上下各2m范围内不得有钢筋接头,纵筋锚入压顶冠梁或连梁内直锚段不小于$0.6l_{ab}$(l_{ab}是基本锚固长度),90°弯锚度不小于12d。为保证粉土、粉砂层的成桩质量,施工时应根据地质情况采取优质泥浆护壁成孔、调整钻进速度和钻头转速等措施,或通过成孔试验确保围护桩跳打成功。

灌注桩施工时,应严格控制钢筋笼制作质量和钢筋笼的标高,钢筋笼全部安装入孔后,应检查安装位置,特别是钢筋笼在坑内侧和外侧配筋的差别,确认符合要求后,将钢筋笼吊筋进行固定,固定必须牢固、有效。混凝土灌注过程中,应防止钢筋笼上浮和低于设计标高。因为该工程桩顶标高负于地面较多,桩顶标高不容易控制,应防止桩顶标高过低造成烂桩头,所以灌注过程将近结束时,应安排专人测量导管内混凝土面标高,防止桩顶标高过低造成烂桩头或灌注过高造成浪费。

5.基坑监测技术

根据相关规范及设计要求,为保证围护结构及周边环境的安全,确保基坑的安全施工,结合深基坑工程特点、现场情况及周边环境,主要对围护结构(冠梁)、顶水平、垂直位移,围护桩桩体水平位移,土体深层水平位移,坡顶水平、垂直位移,基坑内外地下水位,周边道路沉降,周边地下管线沉降,锚索拉力等项目进行监测。

基坑监测测点间距不大于20m,所有监测项目的测点在安装、埋设完毕后,必须进行初始数据的采集,且次数不少于3次。监测工作从支护结构施工前开始,直至完成地下结构工程的施工为止。较为完整的基坑监测系统需要对支护结构本身的变形、应力进行监测,同时,对周边邻近建筑物、道路及地下管线沉降等,也应进行监测以及时掌握周边的动态。

在施工监测过程中,监测单位应及时提供各项监测成果,出现问题及时提出有关建议和警报,设计人员及施工单位应及时采取措施,确保支护结构的安全,最终实现绿色施工。

(二)深基坑开挖期间基坑监测绿色施工技术

1.概述

随着城市建设步伐的加快,向空中求发展、向地下深层要土地便成了建筑商追求经济效益的常用手段,并由此产生了深基坑施工问题。在深基坑施工过程中,由于地下土体性质、荷载条件、施工环境的复杂性和不确定性,仅根据理论计算以及地质勘察资料和室内土工试验参数来确定设计和施工方案,往往含有许多不确定因素,尤其是复杂的大中型工程或环境要求严格的项目,对其在施工过程中引发的土体性状、周边环境、邻近建筑物、地下设施变化的监测,已成为工程建设必不可少的环节。

根据广义胡克定律所反映的应力应变关系,界面结构的内力、抗力状态必将反映到变形上来。因此,可以建立以变形为基础来分析水土作用与结构内力的方法,预先根据工程的实际情况设置各类具有代表性的监测点。施工过程中运用先进的仪器设备,及时从各监测点获取准确、可靠的数据资料,经计算分析后,向有关各方汇报工程环境状况和趋势分析图表,从而围绕工程施工建立起高度有效的工程环境监测系统。要求系统内部各部分之间与外部各方之间保持高度协调和统一,从而起到以下作用:为工程质量管理提供第一手监测资料和依据,可及时了解施工环境中地下土层、地下管线、地下设施、地面建筑在施工过程中所受的影响及影响程度;可及时发现和预报险情的发生及险情的发展程度;根据一定的测量限值做预警预报,及时采取有效的工程技术措施和对策,确保工程安全,防止工程破坏事故和环境事故发生;靠现场监测提供动态信息反馈来指导施工全过程,优化相关参数,进行信息化施工;可通过监测数据来了解基坑的设计强度,为今后降低工程成本指标提供设计依据。

2.深基坑施工监测特点

深基坑施工通过人工形成一个坑周挡土、隔水界面,水土的物理性能随空间和时间变化很大,使这个界面结构处于复杂的作用状态。水土作用、界面结构内力的测量技术复杂,费用高,该技术用变形测量数据,利用建立的力学计算模型,分析得出当前的水土作用和内力,用以进行基坑安全判别。

(1)深基坑施工监测具有时效性:深基坑施工监测通常配合降水和开挖过程,有鲜明的时间性。测量结果是动态变化的,一天以前的测量结果都会失去直接的意义,因此,在深基坑施工中监测需随时进行,通常每天1次,在测量对象变化快的关键时期,可能每天需进行数次。深基坑施工监测的时效性要求对应的方法和设备具有采集数据快、全天候工作的能力,甚至能适应夜晚或大雾天气等严酷的环境条件。

(2)深基坑施工监测具有高精度性:由于正常情况下深基坑施工中的环境变形速率可能在 0.1mm/d 以下,要测到这样的变形精度,就要求深基坑施工中的测量采用一些特殊的高精度仪器。

(3)深基坑施工监测具有等精度性:深基坑施工中的监测通常只要求测得相对变化值,而不要求测量绝对值。深基坑施工监测要求尽可能做到等的精度,要求使用相同的仪器,在相同的位置上,由同一观测者按同一方案施测。

3.深基坑施工监测的内容

深基坑施工监测适用于开挖深度超过 5m 的深基坑开挖过程中围护结构变形及沉降监测,周边环境包括建筑物、管线、地下水位、土体等变形监测,基坑内部支撑轴力及立柱等的变形监测。

深基坑施工,监测的内容通常包括水平支护结构的位移,支撑立柱的水平位移、沉降或隆起,坑周土体位移及沉降变化,坑底土体隆起,地下水位变化以及相邻建构筑物、地下管线、地下工程等保护对象的沉降、水平位移与异常现象等。

4.深基坑施工监测的技术要点

（1）监测点布置

监测点布设合理方能经济有效,监测项目的选择必须根据工程的需要和基地的实际情况而定。在确定监测点的布设前,必须知道基地周边的环境条件、地质情况和基坑的围护设计方案,再根据以往的经验和理论的预测来考虑监测点的布设范围和密度。能埋的监测点应在工程开工前埋设完成,并应保证有一定的稳定期,在工程正式开工前,各项静态初始值应测取完毕。沉降、位移的监测点应直接安装在被监测的物体上,即有道路地下管线,若无条件开挖样洞设点,则可在人行道上埋设水泥桩作为模拟监测点,此时的模拟桩的深度应稍大于管线深度,且地表应设井盖保护,不至于影响行人安全;如果马路上有如管线井、阀门管线设备等,则可在设备上直接设点观测。

（2）周边环境监测点的埋设

周边环境监测点的埋设按现行国家有关规范的要求,应对基坑开挖深度3倍范围的地下管线及建筑物进行监测点的埋设。监测点埋设的一般原则为:管线取最老管线、硬管线、大管线,尽可能取露出地面的如阀门、消防栓、窨井作监测点,以便节约费用。管线监测点埋设采用长约80mm的钢钉打入地面,管线监测点同时代表路面沉降;房屋监测点尽可能利用原有沉降点,不能利用的地方用钢钉埋设。

（3）基坑围护结构监测点的埋设

①基坑围护墙顶沉降及水平位移监测点的埋设:在基坑围护墙顶间隔10~15m埋设长10cm、顶部刻有"＋"字丝的钢筋,作为垂直及水平位移监测点。

②围护桩身测斜孔的埋设:根据基坑围护实际情况,考虑基坑在开挖过程中坑底的变形情况,测斜管应根据地质情况,埋设在那些比较容易引起塌方的部位,一般按平行于基坑围护结构以20~30m的间距布设,测斜管采用内径60mm的PVC管。测斜管与围护灌注桩或地下连续墙的钢筋笼绑扎在一道,埋深约与钢筋笼同深,接头用自攻螺丝拧紧,并用胶布密封,管口加保护钢管,以防损坏。管内有两组互为90°的导向槽,导向

槽控制测试方位,下钢筋笼时使其一组垂直于基坑围护,另一组平行于基坑围护并保持测斜管竖直,测斜管埋设时必须有施工单位配合。

③坑外水位测量孔的埋设:基坑在开挖前必须降低地下水位,但在降低地下水位后有可能引起坑外地下水位向坑内渗漏,地下水的流动是引起塌方的主要因素,所以地下水位的监测是保证基坑安全的重要内容。水位监测管的埋设应根据地下水文资料,在含水量大和渗水性强的地方,在紧靠基坑的外边,以20~30m的间距平行于基坑边埋设。水位孔的埋设方法如下:用30型钻机在设计孔位置钻至设计深度,钻孔清孔后放入PVC管,水位管底部使用透水管,在其外侧用滤网扎牢并用黄沙回填孔。

④支撑轴力监测点的埋设:支撑轴力监测利用应力计,它的安装须在围护结构施工时请施工单位配合安装,一般选方便的部位,选几个断面,每个断面装两支应力计,以取平均值。应力计必须用电缆线引出,并编好号。编号可购置现成的号码圈,套在线头上,也可用色环表示,色环编号的传统习惯是用黑、棕、红、橙、黄、绿、蓝、紫、灰、白,分别代表数字0、1、2、3、4、5、6、7、8、9。

⑤土压力和孔隙水压力监测点的埋设:土压力计和孔隙水压力计是监测地下土体应力和水压力变化的设备。土压力计要随基坑围护结构施工时一起安装,注意它的压力面应向外;每孔埋设土压力计数量根据挖深而定,每孔第一个土压力计从地面下5m开始埋设,以后沿深度方向间隔5m埋设一只,采用钻孔法埋设。首先,将压力计的机械装置焊接在钢筋上,钻孔清孔后放入,根据压力计读数的变化可判定压力计的安装情况,安装完毕后,采用泥球细心回填密实。根据力学原理,压力计应安装在基坑隐患处的围护桩侧向受力点。

孔隙水压力计的安装,必须用钻机钻孔,在孔中可根据需要按不同深度放入多个压力计,再用干燥黏土球填实,待黏土球吸足水后,便将钻孔封堵密实。这两种压力计的安装,都必须注意引出线的编号和保护。

⑥基坑回弹孔的埋设:在基坑内部埋设,每孔沿孔深间距1m放一个沉降磁环或钢环。土体分层沉降仪由分层沉降管、钢环和电感探测装置

三部分组成。分层沉降管由波纹状柔性塑料管制成,管外每隔一定距离安放一个钢环,地层沉降时带动钢环同步下沉,将分层沉降管通过钻孔埋入土层中,采用细砂细心回填密实。埋设时,必须注意不要破坏波纹管外的钢环。

⑦基坑内部立柱沉降监测点的埋设:在支撑立柱顶面埋设立柱沉降监测点,在支撑浇筑时预埋长约100mm的钢钉。

测点布设好以后,必须绘制在地形示意图上。各测点必须有编号,为使点名一目了然,各种类型的测点要冠以点名,点名可取测点汉语拼音的第一个字母再拖数字组成,如应力计可定名为YL-1,测斜管可定名为CX-1,如此等等。

(4)监测技术要求与监测方法

①测量精度:按现行国家有关规范的要求,水平位移测量精度不低于1.0mm,垂直位移测量精度不低于1.0mm。

②垂直位移测量:基坑施工对环境的影响范围为坑深的3~4倍,因此,沉降观测所选的后视点应选在施工的影响范围之外,后视点不应少于两点。沉降观测的仪器应选用精密水准仪,按二等精密水准观测方法测二测回,测回校差应小于1mm。地下管线、地下设施、地面建筑都应在基坑开工前测取初始值,在开工期间,应根据需要不断测取数据,从几天观测一次到一天观测几次都可以;每次的观测值与初始值比较即为累计量,与前次的观测数据相比较即为日变量。测量过程中,"固定观测者、固定测站、固定转点",严格按国家二级水准测量的技术要求施测。

③水平位移测量:要求水平位移监测点的观测采用WildT2精密经纬仪进行,一般最常用的方法是偏角法。同样,测站点应选在基坑的施工影响范围之外。外方向的选用应不少于三点,每次观测都必须定向,为防止测站点被破坏,应在安全地段再设一点作为保护点,以便在必要时作恢复测站点之用。初次观测时,必须同时测取测站至各测点的距离,有了距离就可算出各测点的秒差,以后各次的观测只要测出每个测点的角度变化,就可推算出各测点的位移量,观测次数和报警值与沉降监测相同。

④围护墙体侧向位移斜向测量:随着基坑开挖施工,土体内部的应力平衡状态被打破,从而导致围护墙体及深部土体的水平位移。测斜管的管口必须每次用经纬仪测取位移量,再用测斜仪测取地下土体的侧向位移量,测斜管内位移用测斜仪滑轮沿测斜管内壁导槽渐渐放至管底,自下而上每1m或0.5m测定一次读数,然后测头旋转180°再测一次,即为一测回。由此推算测斜管内各点的位移值,再与管口位移量比较,即可得出地下土体的绝对位移量。位移方向一般应取直接的或经换算过的垂直基坑边方向上的分量。

⑤地下水位观测:要求首次必须测取水位管管口的标高,从而可测得地下水位的初始标高,由此计算水位标高。在以后的工程进展中,可按需要的周期和频率,测得地下水位标高的每次变化量和累计变化量。测量时,水位孔管口高程以三级水准联测求得,管顶至管内水位的高差由钢尺水位计测出。

⑥支撑轴力量测:要求埋设于支撑上的钢筋计或表面计必须与频率接受仪配合使用,组成整套量测系统,由现场测得的数据,按给定的公式计算出应力值,各观测点累计变化量等于实时测量值与初始值的差值;本次测量值与上一次测量值的差值为本次变化量。

⑦土压力测试:用土压力计测得土压力传感器读数,由给定公式计算出土压力值。

⑧土体分层沉降测量:测量时采用搁置在地表的电感探测装置,可以根据电磁频率的变化来捕捉钢环确切位置,由钢尺读数可测出钢环所在的深度,根据钢环位置深度的变化,即可知道地层不同标高处的沉降变化情况。首次必须测取分层沉降管管口的标高,从而可测得地下各土层的初始标高。在以后的工程进展中,可按需要的周期和频率,测得地下各土层标高的每次变化量和累计变化量。

⑨监测数据处理:监测数据必须填写在为该项目专门设计的表格上。所有监测的内容都必须写明初始值、本次变化量、累计变化量。工程结束后,应对监测数据,尤其是对报警值的出现进行分析,绘制曲线图,并编写工作报告。在基坑施工期间的监测必须选择有资质的第三方,监测

数据必须由监测单位直接寄送各有关单位。根据预先确定的监测报警值,对监测数据超过报警值的,报告上必须加盖红色报警章。

5. 深基坑施工监测的环境保护

测量作业完毕后,对临时占用、移动的施工设施应及时恢复原状,并保证现场清洁,仪器应存放有序,电器、电源必须符合相关规定和要求,严禁私自乱接电线;做好设备保洁工作,清洁进场,作业完毕后到指定地点进行仪器的清理与整理;所有作业人员应保持现场卫生,生产及生活垃圾均装入清洁袋集中处理,不得向坑内丢弃物品,以免砸伤槽底施工人员。

二、主体结构工程施工技术

(一)大体积混凝土绿色施工技术

大体积混凝土结构施工是工程施工中的重要内容。以往在这一施工过程中,存在混凝土裂缝等情况,严重影响了工程的整体施工质量,为工程埋下了极大的安全隐患。因此,施工人员需要加强对大体积混凝土结构施工技术的研究,合理运用相关技术,有效预防和解决这一问题,以保证工程质量,提升工程的安全性。

1. 大体积混凝土绿色施工的技术特点

大体积混凝土绿色施工综合技术的特点,主要体现在如下几点:

(1)用面向顶、墙、地三个界面不同构造尺寸特征的整体分层、分向连续交叉浇筑的施工方法和全过程的精细化温控与养护技术,解决了大壁厚混凝土易开裂的问题,较传统的施工方法可大幅度提升工程质量及抗辐射能力。

(2)结构厚、体型大、钢筋密、混凝土数量多,工程条件复杂和施工技术要求高。

(3)采取一个方向、全面分层、逐层到顶的连续交叉浇筑顺序,浇筑层的设置厚度以450mm为临界,重点控制底板厚度变异处的质量,设置成A类质量控制点。

（4）采取柱、梁、墙板节点的参数化支模技术，精细化处理节点构造质量，可保证大壁厚的顶、墙和地全封闭一体化建筑物结构的质量。

（5）采取紧急状态下随机设置施工缝的措施，且同步铺不大于30mm的同配比无石子砂浆，可保证混凝土接触处的强度和抗渗指标。

2.大体积混凝土绿色施工的工艺流程

大壁厚的顶、墙和地全封闭一体化建筑物的施工以控制模板支护及节点的特殊处理、大体量混凝土的浇筑及控制为关键，其展开后的施工工艺流程为：①施工前准备；②绑扎厚底板钢筋；③浇注厚底混凝土；④大厚度底板养护；⑤绑扎大截面柱钢筋；⑥支设柱模板；⑦绑扎厚墙体加强筋及埋设降温水管；⑧绑扎大截面梁钢筋及埋设降温水管；⑨支设梁柱墙一体模板并处理转角缝；⑩绑扎厚屋盖板钢筋及埋设降温水管；⑪支撑顶模板，处理梁、墙、柱模板节点；⑫墙、柱、梁、顶混凝土分层分项浇注；⑬梁、板混凝土的分层、分向浇筑和振捣；⑭抹面、扫出浮浆及泌水处理；⑮整体结构的温度控制、养护及成品保护。

3.大体积混凝土结构施工技术

大体积混凝土主要指混凝土结构实体最小几何尺寸不小于1m，或预计会因混凝土中水泥水化引起的温度变化和收缩导致有害裂缝产生的混凝土。

（1）配制大体积混凝土的材料及规定

水泥应优先选用质量稳定，有利于改善混凝土抗裂性能，C3A含量较低，C2S含量相对较高的水泥。

细骨料宜使用级配良好的中砂，其细度模数宜大于2.3。

采用非泵送施工时，粗骨料的粒径可适当增大。

应选用缓凝型的高效减水剂。

（2）大体积混凝土配合比及规定

大体积混凝土配合比的设计，除应符合设计强度等级、耐久性、抗渗性、体积稳定性等要求外，还应符合大体积混凝土施工工艺特性的要求，并应遵循合理使用材料、降低混凝土绝热温升值的原则。

混凝土拌和物在浇筑工作面的坍落度不宜大于160mm。

拌和水用量不宜大于170kg/m。

粉煤灰掺量应适当增加,但不宜超过水泥用量的40%;矿渣粉的掺量不宜超过水泥用量的50%,两种掺和料的总量不宜大于混凝土中水泥重量的50%。

水胶比不宜大于0.55。当设计有要求时,可在混凝土中填放片石(包括已经破碎的大漂石)。填放片石应符合下列规定:①可埋放厚度不小于15cm的石块,埋放石块的数量不宜超过混凝土结构体积的20%。②应选用无裂纹、无水锈、无铁锈、无夹层且未被烧过的、抗冻性能符合设计要求的石块,并应清洗干净。③石块的抗压强度不低于混凝土强度等级的1.5倍。④石块应分布均匀,净距不小于150mm,距结构侧面和顶面的净距不小于250mm,石块不得接触钢筋和预埋件。⑤受拉区混凝土或当气温低于0℃时,不得埋放石块。

(3)大体积混凝土施工技术方案及主要内容

①大体积混凝土的模板和支架系统,除应按国家现行的标准进行强度、刚度和稳定性验算外,还应结合大体积混凝土的养护方法进行保温构造设计。

②模板和支架系统在安装或拆除过程中,必须采取防倾覆的临时固定措施。

③大体积混凝土结构温度应力和收缩应力的计算。

④施工阶段温控指标和技术措施的确定。

⑤原材料优选、配合比设计、制备与运输计划。

⑥混凝土主要施工设备和现场总平面布置。

⑦温控监测设备和测试布置图。

⑧混凝土浇筑顺序和施工进度计划。

⑨混凝土保温和保湿养护方法。其中,保温覆盖层的厚度可根据温控指标的要求,参照有关规定的方法计算。

⑩主要应急保障措施。

⑪岗位责任制和交接班制度,测温作业管理制度。

⑫特殊部位和特殊气候条件下的施工措施。

（4）试算

大体积混凝土结构的温度、温度应力及收缩应进行试算，预测施工阶段大体积混凝土浇筑体的温升峰值，芯部与表层温差及降温速率的控制指标，制定相应的温控技术措施。对首个浇筑体应进行工艺试验，对初期施工的结构体进行重点温度监测。温度监测系统宜具备自动采集、自动记录功能。

（5）大体积混凝土的浇筑及规定

混凝土的入模温度不宜高于28℃。混凝土浇筑体在入模温度基础上的温升值宜不大于45℃。

大体积混凝土工程的施工宜采用分层连续浇筑施工或推移式连续浇筑施工。应依据设计尺寸进行均匀分段、分层浇筑。当横截面面积在200m²以内时，分段不宜大于2段；当横截面面积在300m²以内时，分段不宜大于3段，且每段面积不得小于50m²。每段混凝土厚度应为1.5~2.0m。段与段间的竖向施工缝应平行于结构较小截面的尺寸方向。当采用分段浇筑时，竖向施工缝应设置模板。上、下两邻层中的竖向施工缝应互相错开。

当采用泵送混凝土时，混凝土浇筑层厚度不宜大于500mm；当采用非泵送混凝土时，混凝土浇筑层厚度不宜大于300mm。

大体积混凝土施工采取分层间歇浇筑混凝土时，水平施工缝设置除应符合设计要求外，尚应根据混凝土浇筑过程中温度裂缝控制的要求、混凝土的供应能力、钢筋工程的施工、预埋管件安装等因素确定。

大体积混凝土在浇筑过程中，应采取措施防止受力钢筋、定位筋、预埋件等移位和变形。

大体积混凝土浇筑面应及时进行二次抹压处理。

（6）保湿、保温养护及规定

大体积混凝土在每次混凝土浇筑完毕后，除按普通混凝土进行常规养护外，还应及时按温控技术措施的要求进行保温养护。

保湿养护的持续时间，不得少于28d。保温覆盖层的拆除应分层逐步进行，当混凝土的表层温度与环境最大温差小于20℃时，可全部拆除。

保湿养护过程中,应经常检查塑料薄膜或养护剂涂层的完整情况,保持混凝土表面湿润。

在大体积混凝土保温养护中,应对混凝土浇筑体的芯部与表层温差和降温速率进行检测,当实测结果不满足温控指标的要求时,应及时调整保温养护措施。

大体积混凝土拆模后,应采取预防寒流袭击、突然降温和剧烈干燥等养护措施。

大体积混凝土宜适当延迟拆模时间,当模板作为保温养护措施的一部分时,其拆模时间应根据温控要求确定。

(7)特殊气候应对技术及规定

大体积混凝土施工在遇炎热、大风或者雨雪天气等特殊气候时,必须采用有效的技术措施,保证混凝土浇筑和养护质量,并应符合下列规定。

在炎热季节浇筑大体积混凝土时,宜将混凝土原材料进行遮盖,避免日光暴晒,并用冷却水搅拌混凝土,或采用冷却骨料、搅拌时加冰屑等方法降低入仓温度,必要时也可采取在混凝土内埋设冷却管通水冷却。混凝土浇筑后应及时进行保湿、保温养护,避免模板和混凝土受阳光直射。条件许可时,应避开高温时段浇筑混凝土。

冬期浇筑混凝土,宜采用热水拌和、加热骨料等措施提高混凝土原材料温度,混凝土入模温度不宜低于50℃。混凝土浇筑后应及时进行保湿、保温养护。

大风天气浇筑混凝土,在作业面应采取挡风措施,降低混凝土表面风速,并增加混凝土表面的抹压次数,及时覆盖塑料薄膜和保温材料,保持混凝土表面湿润,防止风干。

雨雪天不宜露天浇筑混凝土,当需要施工时,应采取有效措施,确保混凝土质量。浇筑过程中突遇大雨或大雪天气时,应及时在结构合理部位留置施工缝,尽快中止混凝土浇筑;对已浇筑还未硬化的混凝土立即进行覆盖,严禁雨水直接冲刷新浇筑的混凝土。

(8)大体积混凝土施工现场温控监测及规定

大体积混凝土浇筑体内监测点的布置,应以能真实反映混凝土浇筑体内最高温升、芯部与表层温差、降温速率及环境温度为原则。

监测点的布置范围以所选混凝土浇筑体平面图对称轴线的半条轴线为测试区,在测试区内监测点的布置应考虑其代表性,按平面分层布置。在基础平面对称轴线上,监测点不宜少于4处,布置应充分考虑结构的几何尺寸。

沿混凝土浇筑体厚度方向,应布置外表、底面和中心温度测点,其余测点布设间距不宜大于600mm。

大体积混凝土浇筑体芯部与表层温差、降温速率、环境温度及应变的测量,在混凝土浇筑后,每昼夜应不少于4次;入模温度的测量,每台班应不少于2次。

混凝土浇筑体的表层温度,宜以混凝土表面以内50mm处的温度为准。

测量混凝土温度时,测温计不应受外界气温的影响,并应在测温孔内至少留置3mm。

根据工地条件,可采用热电偶、热敏电阻等预埋式温度计检测混凝土的温度。

测温过程中宜及时描绘出各点的温度变化曲线和断面的温度分布曲线。

4.大体积混凝土绿色施工质量的保证措施

(1)原材料的质量保证措施

粗骨料宜采用连续级配,细骨料宜采用中砂。

外加剂宜采用缓凝剂、减水剂;掺和料宜采用粉煤灰、矿渣粉等。

大体积混凝土在保证混凝土强度及坍落度要求的前提下,应提高掺和料及骨料的含量,以降低单方混凝土的水泥用量。

水泥应尽量选用水化热低、凝结时间长的水泥,优先采用中热硅酸盐水泥、低热矿渣硅酸盐水泥、大坝水泥、矿渣硅酸盐水泥、粉煤灰硅酸盐水泥、火山灰质硅酸盐水泥等。但是,水化热低的矿渣水泥的析水性比其他水泥大,在浇筑层表面有大量水析出。这种泌水现象,不仅影响施工速度,而且影响施工质量。因析出的水聚集在上、下两浇筑层表面间,使混凝土水灰比改变,而在舀水时又带走了一些砂浆,这样便形成了一层含水量多的夹层,破坏了混凝土的黏结力和整体性。混凝土泌水量的大小与用水量有关,用水量多,泌水量大,且与温度高低有关,水完全析出的时间随温度的提高而缩短。此外,还与水泥的成分和细度有关。因此,在选用矿渣水泥时应尽量选择泌水性的品种,并应在混凝土中掺入减水剂,以降低用水量。在施工中,应及时排出析水或拌制一些干硬性混凝土均匀浇筑在析水处,用振捣器振实后,再继续浇筑上一层混凝土。

(2)施工过程中的质量保证措施

在设计许可的情况下,采用混凝土60d龄期的强度作为设计强度。

采用低热或中热水泥,掺加粉煤灰、磨细矿渣粉等掺和料。

掺入减水剂、缓凝剂、膨胀剂等外加剂。

在炎热季节施工时,采取降低原材料温度、减少混凝土运输时吸收外界热量等降温措施。

混凝土内部预埋管道,进行水冷散热。

采取保湿、保温养护措施。混凝土中心温度与表面温度的差值不应大于25℃,混凝土表面温度与大气温度的差值不应大于20℃。养护时间不应少于14d。

(3)施工养护过程中的质量保证措施

除严格按照上述保湿、保温规定执行外,在养护过程中,若发现表面泛白或出现干缩细小裂缝时,必须立即检查,加以覆盖,并进行补救。顶板混凝土表面二次抹面后,在薄膜上盖上棉被,搭接长度不小于100mm,以减少混凝土表面的热扩散,延长散热时间,减小混凝土的内外温差。

5.绿色施工技术的环境保护措施

建立健全"同时设计、同时施工、同时使用"制度,全面协调施工与环保的关系,不超标排污。

实行门前"三包"环境保洁责任制,保持施工区和生活区的环境卫生并及时清理垃圾,运至指定地点进行掩埋或焚烧处理,生活区设置化粪设备,生活污水和大小便经化粪池处理后运至指定地点集中处理。场地道路硬化并在晴天经常洒水,可防止尘土飞扬,污染周围环境。

大体积混凝土振捣过程中振捣棒不得直接振动模板,不得有意制造噪声,禁止机械车辆高声鸣笛,采取消音措施,以降低施工过程中的施工噪声,实现对噪声污染的控制。施工中产生的废泥浆先沉淀过滤,废泥浆和淤泥使用专门车辆运输,以防止遗撒污染路面,废浆必须运输至业主指定的地点。汽车出入口应设置冲洗槽,对外出的汽车用水枪将其冲洗干净,确认不会对外部环境产生污染。装运建筑材料、土石方、建筑垃圾及工程渣土的车辆必须装载适量,保证行驶中不污染道路环境。

(二)预应力钢结构的绿色施工技术

1.预应力钢结构的特点

预应力钢结构的主要特点是:充分利用材料的弹性强度潜力,以提高承载力;改善结构的受力状态,以节约钢材;提高结构的刚度和稳定性,调节其动力性能;创新结构承载体系,保证建筑造型。同时,预应力钢结构还具有施工周期短、技术含量高的特点,是高层及超高层建筑的首选。

在预应力钢构件制作过程中,实施参数化下料、精确定位、拼接及封装,实现预应力承重构件的精细化制作;在大悬臂区域钢桁架的绿色施工中采用逆作法施工工艺,即结合实际工况先施工屋面大桁架,在施工桁架下悬挂部分梁柱;先浇筑非悬臂区楼板及屋面,待预应力桁架张拉结束,再浇筑悬臂区楼板,实现整体顺作法与局部逆作法施工组织的最优组合。

2.预应力钢结构绿色施工的要求

预应力钢结构施工工序复杂,实施以单拼桁架整体吊装为关键工作的模块化不间断施工工序。十字形钢柱及预应力钢桁架梁的精细化制作模块、大悬臂区域及其他区域的整体吊装及连接固定模块、预应力索的张拉力精确施加模块的实施,是工程连续、高质量施工的保证。十字形钢骨架及预应力箱梁钢桁架按照参数化精确下料,采用组立机进行整体的机械化生产。实现局部大截面预应力构件在箱梁钢桁架内部的永久性支撑及封装,预应力结构翼缘、腹板的尺寸偏差均在2mm范围内,并对桁架预应力转换节点进行优化,形成张拉快捷方便,可有效降低预应力损失的节点转换器。

3.预应力钢结构绿色施工的技术要点

（1）预应力构件的精细化制作技术

第一，十字形钢骨柱精细化制作技术要点。

合理分析钢柱的长度，考虑预应力梁通过十字形钢柱的位置。

入库前，核对质量证明书或检验报告并检查钢材表面质量、厚度及局部平整度，现场抽样合格后使用。

十字形钢构件组立采用H型钢组立机，组立前应对照图纸确认所组立构件的腹板、翼缘板的长度、宽度、厚度无误后，才能上机进行组装作业。具体要求如下：腹板与翼缘板垂直度误差≤2mm；腹板对翼缘板中心偏移≤2mm；腹板与翼缘板点焊距离为400mm±30mm；腹板与翼缘板点焊焊缝高度≤5mm，长度为40~50mm；H型钢截面高度偏差为±3mm。

第二，预应力钢骨架及索具的精细化制作技术要点。

大跨度、大吨位预应力箱型钢骨架构件采用单元模块化拼装的整体制作技术，并通过结构内部封装施加局部预应力构件。

预应力钢骨架在下料过程中采用精密的切割技术，对接坡口切割下料后进行二次矫平处理。

预应力钢骨架的腹板两长边采用刨边加工隔板及工艺隔板组装的方式，在组装前对四周进行铣边加工，以作为大跨箱形构件的内胎定位基准，并在箱形构件组装机上按T形盖部件上的结构定位组装横隔板，组装两侧T形腹板部件要求与横隔板、工艺隔板顶紧定位组装。制作无黏结预应力筋的钢绞线要符合现行国家标准《预应力混凝土用钢绞线》的规定，无黏结预应力筋中的每根钢丝应是通长的且严禁有接头，不得存在死弯，若存在死弯必须切断，并采用专用防腐油脂涂料或外包层，对无黏结预应力筋外表面进行处理。

（2）主要预应力构件安装操作要点

若钢骨柱吊入柱主筋范围时操作空间较小，为使施工人员能顺利进行安装操作，考虑将柱子两侧的部分主筋向外梳理。当上节钢骨柱与下节钢骨柱通过四个方向连接耳板螺栓固定后，塔吊即可松钩，然后在柱身焊接定位板,用千斤顶调整柱身的垂直度,垂直度调节通过两台垂直方向的经纬仪控制。

无黏结预应力钢绞线应采用适当包装,以防止正常搬运中的损坏,无黏结预应力钢绞线宜成盘运输。在运输、装卸过程中,吊索应外包橡胶、尼龙带等材料,并应轻装轻卸,且严禁摔掷或在地上拖拉。吊装采用避免破损的吊装方式装卸整盘的无黏结预应力钢绞线;下料的长度根据设计图纸,并综合考虑各方面因素,包括孔道长度、锚具厚度、张拉伸长值、张拉端工作长度等,以准确计算无黏结钢绞线的下料长度。无黏结预应力钢绞线下料宜采用砂轮切割机切断。拉索张拉前主体钢结构应全部安装完成并合拢为一个整体,以检查支座的约束情况,直接与拉索相连的中间节点的转向器以及张拉端部的垫板,其空间坐标精度需严格控制,张拉端部的垫板应垂直索轴线,以免影响拉索施工和结构受力。

拉索安装、调整和预紧的要求,可概括为以下三个方面:①拉索制作长度应保证有足够的工作长度。②对于一端张拉的钢绞线束,穿索应从固定端向张拉端进行穿束;对于两端张拉的钢绞线束,穿索应从桁架下弦张拉端向5层悬挂柱张拉端进行穿束,同束钢绞线依次穿入。③穿索后,应立即将钢绞线预紧并临时锚固。

拉索张拉前为方便工人张拉操作,应事先搭设好安全可靠的操作平台、挂篮等,拉索张拉时应确保人员足够,且应在人员正式上岗前进行技术培训与交底。设备正式使用前须进行检验、校核并调试,以确保使用过程中万无一失。

拉索张拉设备应配套标定,千斤顶和油压表必须每半年配套标定一次,标定必须在有资质的试验单位进行,根据标定记录和施工张拉力计算出相应的油压表值,现场按照油压表读数,精确控制张拉力。拉索张拉前应严格检查临时通道以及安全维护设施是否到位,以保证张拉操作人员的安全;拉索张拉前应清理场地并禁止无关人员进入,以保证拉索张拉过程中人员的安全。在一切准备工作做完,且经过系统的、全面的检查无误,现场安装总指挥检查并发令后,才能正式进行预应力拉索张拉作业。

钢绞线拉索的张拉点主要分布在5层吊柱的底部或桁架内侧悬挑的上、下弦端。对于5层吊柱的底部,可直接采用外脚手架搭设;对于桁架内侧的上弦端,可直接站立在桁架上张拉,并通过张拉端定位节点固定。对于桁架内侧的下弦端,需要在6层平面搭设2m×2m×3.5m的方形脚手平台,工作平台必须能承受千斤顶、张拉工作人员及其他设备等施工荷载,脚手架立杆强度及稳定性要满足要求,张拉分为两个循环进行。

由于结构变形很小,在钢绞线逐根张拉的过程中,先后张拉对钢绞线的预应力的影响也很小。对于单根钢绞线张拉的孔道摩擦损失和锚固回缩损失,则通过超张拉来弥补预应力损失。

4.预应力钢结构绿色施工的环境保护措施

(1)水污染保护措施

实现水的循环利用,现场设置洗车池、沉淀池和污水井,对废水、污水集中做好无害化处理,以防止施工废浆乱流,罐车在出场前均需要用水清洗,以保证交通道路的清洁,减少粉尘污染。

(2)光污染保护措施

光污染的控制,要求对焊接光源的污染科学设置焊接工艺。在焊接实施的过程中,设置黑色或灰色的防护屏,以减少弧光的反射,起到对光源污染的控制作用。夜间照明设备要选用既满足照明要求又不刺眼的新型灯具,施工照明灯的悬挂高度和方向,要考虑不影响居民日常生活,使夜间照明只照射施工区域而不影响周围居民区居民的休息。同时,选用先进的施工机械和技术措施,做好节水、节电工作,并严格控制材料的浪费。

(3)环境污染保护措施

认真贯彻落实《中华人民共和国环境保护法》等有关法律法规及遵照各企业环境管理要求,建立和完善环境保护与文明施工管理体系,制定环境保护标准和措施,明确各类人员的环保职责,并对所有进场人员及参与预应力构件焊接制造的人员进行环保技术交底和培训,建立施工现场环境保护和文明施工档案。经常对施工通行道路进行洒水,防止扬尘污染周围环境并及时清理施工现场,做到规范围挡,标牌清楚、齐全、醒目,施工现场整洁文明。

(4)大气污染保护措施

防止大气污染的措施主要包括:在预应力构件制作现场保证具备良好的通风条件,通过设置机械通风并结合自然通风,以保证作业现场的环保指标。施工队伍进场后,在清理场地内原有的垃圾时,采用临时专用垃圾坑或采用容器装运,严禁随意高空抛垃圾,并做到及时清运垃圾。

(5)噪声污染保护措施

施工现场遵照现行《建筑施工场界环境噪声排放标准》制定降噪的相应制度和措施,健全管理制度,严格控制强噪声作业的时间,提前计划施工工期,避免吊装施工过程中的昼夜连续作业。若必须昼夜连续作业时,应采取降噪措施,做好周围的群众工作,并报有关环保单位备案审批后,方可施工。对于焊接噪声的污染,可在车间内的墙壁上布置吸声材料,以降低噪声值。严禁在施工区内猛烈敲击预应力钢构件,增强全体施工人员防噪扰民的自觉意识。施工现场的履带起重机等强噪声机械的施工作业,尽量放在封闭的机械棚内或在白天施工,最大限度地降低其噪声,以不影响工人与居民的休息为目的。对噪声超标造成环境污染的机械施工,其作业时间限制在7:00至12:00和14:00至22:00。各项施工均选用低噪声的机械设备和施工工艺,施工场地布局要合理,尽量减少施工对居民生活的影响。

(三)大跨度空间钢结构预应力施工技术

大跨度空间钢结构的预应力施工技术,涉及众多复杂的结构形式和多种新型的拉索材料,融合了高强材料、高级非线性力学分析和高水平施工技术。近年来,我国预应力钢结构在拉索材料、结构形式和施工技术方面都有了快速的发展,取得了令人瞩目的技术进步。其中,拉索材料从钢绞线组装索和钢丝绳组装索,向高强钢丝束和钢拉杆等成品索发展,钢丝表面防腐从镀锌处理到环氧喷涂和镀锌铝处理。预应力钢结构施工,不仅仅是纯粹的制作、安装和张拉,还是系统性和全过程性的施工。这具体体现在分析和工艺的结合,节点、索头和张拉机具的结合,刚构和拉索施工的结合及从分析到制作、安装和张拉的全过程施工控制。

预应力钢结构是将现代预应力技术应用到如网架、网壳、立体桁架等空间网格结构以及索、杆组成的张力结构中,而形成的一类新型杂交结构体系,如张弦梁、弦支穹顶、索桁架、索网、索拱、预应力桁架、张拉膜结构等。会展中心、体育场馆、飞机场、火车站、工业厂房等钢屋盖结构中,近年来大量采用了预应力钢结构。

1.结构形式的发展

目前,国内已应用的预应力钢结构形式包括斜拉结构、预应力桁架、索桁架、索拱、弦支穹顶、索网、索穹顶及多次杂交结构和特殊结构等。这些结构形式多借鉴了国外的工程和技术,通过吸收、消化、推广和发展,部分结构形式在国内的应用规模已远超国外。

(1)斜拉结构

斜拉结构由刚构、桅杆(或塔柱)和斜拉索构成,斜拉索布置在刚构的上方,为刚构提供弹性支撑,从而改善结构内力状况,减少变形和支座弯矩,实现更大跨度,减少用钢量。早期斜拉结构主要应用于一些小型结构中,发展至今,在刚构形式、桅杆(或塔柱)形式及拉索材料上,斜拉结构也具有了多样性。

(2)索拱结构

索拱可根据设计需要,由拉索、撑杆或索盘与其他任何形式的拱肋进行组合,利用拉索的牵制作用或撑杆的支撑作用,有效提高结构的整体刚度及承载力,降低钢拱的缺陷敏感性,减小支座推力,甚至可以消除钢拱的整体失稳而转变为由强度控制其结构设计。

(3)索穹顶结构

索穹顶结构主要由脊索、斜索、压杆和环索构成,为全张力结构。预应力是全张力结构成型的必要因素。在施工和工作状态下索穹顶具有很强的非线性(特别是在施工过程中),这对结构分析、设计及施工提出了很高的要求,需要解决一系列的难题。因此,索穹顶成为目前预应力钢结构研究和应用的热点。

索穹顶常与膜面结合在一起,成为张拉膜结构的形式之一。但膜面昂贵,耐久性、声学性能和隔热保温性能较差,易受污染,而采用刚性屋面的索穹顶则具有更为广阔的应用前景。

（4）索桁架结构

索桁架由承重索、稳定索及中间腹杆构成。承重索的线形下凹，为正曲率，主要承受竖直向下的荷载（如自重、屋面活载等）；稳定索的线形上凸，为负曲率，主要承受竖直向上的荷载（如风吸力等）；中间腹杆连接承重索和稳定索，形成结构整体。索桁架的预应力需要大刚度的边梁来平衡。

（5）张弦梁/桁架

张弦梁结构是一种由刚性构件上弦、柔性拉索中间连以撑杆形成的混合结构体系，它是一种新型自平衡体系，是一种大跨度预应力空间结构体系，也是混合结构体系发展中的一个比较成功的创造。张弦梁结构体系简单、受力明确、结构形式多样，充分发挥了刚柔两种材料的优势，并且制造、运输、施工方便，因此具有良好的应用前景。

桁架是一种由杆件彼此在两端用铰链连接而成的结构。由直杆组成的桁架，一般具有三角形单元的平面或空间结构，桁架杆件主要承受轴向拉力或压力，从而能充分利用材料的强度，在跨度较大时可比实腹梁节省材料，减轻自重和增大刚度。

（6）弦支穹顶结构

弦支穹顶是基于张拉整体概念而产生的一种预应力空间结构，具有力流合理、造价经济和效果美观等特点。

弦支穹顶由网壳、撑杆、径向索和环向索构成。其索杆体系呈"N"字形布置在网壳下方，以平衡支座推力，提高结构整体的刚度和稳定性。弦支穹顶的网壳有联方型、凯威特型、环肋型等，索系有 Levy 型和 Ceiger 型等，撑杆有"I"字形（平行竖杆）和"V"字形等。索杆体系的布置，可以采用径向索张拉、环索张拉和顶撑张拉等方式。

（7）多次杂交结构

预应力钢结构是由基本的刚构、索和杆三者构成的。如索网由承重索和稳定索构成；索桁架由承重索、稳定索和腹索或腹杆构成；索穹顶由上弦径向索、下弦径向索、环向索和撑杆构成；弦支穹顶由网壳、环向索、径向索和撑杆构成;张弦梁由上弦刚构、下弦索和撑杆构成;斜拉结构由刚构、斜拉索和桅杆或塔柱构成;预应力桁架由索和桁架构成;索拱结构由索和拱构成等。

可见,索网、索桁架和索穹顶等结构,均由纯索或者索和杆构成。其中,拉索及其预应力是结构形成的必要条件,即若无预应力或拉索,则结构无法存在,这类结构可称为张力结构。而张弦梁、弦支穹顶、斜拉结构、索拱和预应力桁架等都包含了刚构在内,即使结构中去除预应力或拉索,残余的刚构仍能维持自身稳定,这类结构由刚构和一种类型的索杆体系杂交而成,可称为一次杂交结构。而在有些预应力钢结构工程中,结构由刚构和两种(及以上)类型的索杆系杂交而成,这类结构可称为二次杂交结构或多次杂交结构。

(8)预应力钢桁架结构

预应力钢桁架结构由钢桁架和拉索构成,其结构具有较大刚度,拉索的作用主要是改善钢桁架的内力状况。

(9)特殊高层预应力钢结构

预应力钢结构广泛应用于公共建筑和工业建筑的大跨屋盖工程中,且在高层建筑中也有所应用。

2.预应力钢结构的类型

从早期预应力吊车梁、撑杆梁的简单形式发展到目前张弦桁架、索穹顶、索膜结构、玻璃幕墙等现代结构,预应力钢结构种类繁多,大致可归纳为以下四类:

(1)传统结构型

在传统的钢结构体系上,布置索系施加预应力,以改善应力状态、降低自重及成本,包括预应力桁架、网架、网壳等,如天津宁河体育馆、攀枝花市体育馆的网架、网壳屋盖等。候机楼、会展中心广泛采用的张弦桁架也归入此类。还有一种是工程中应用已久的悬索结构,如北京工人体育馆、浙江人民体育馆,其结构由承重索与稳定索两组索系组成,施加预应力的目的不是降低与调整内力,而是提高与保证刚度。

（2）吊挂结构型

该类钢结构由竖向支撑物（立柱、门架、拱脚架）、吊索及屋盖三部分组成。支撑物高出屋面，在其顶部下垂钢索吊挂屋盖。对吊索施加预应力，以调整屋盖内力，减小挠度并形成屋盖结构的弹性支点。由于支撑物及吊索暴露于大气之中直指蓝天，因此，又称暴露结构。

（3）整体张拉型

该类钢结构属于创新结构体系，跨度结构中摈弃了传统的受弯构件，全部由受张索系及膜面和受压撑杆组成。屋面结构极轻，设计构思新颖，是先进结构体系中的佼佼者。

（4）张力金属膜型

金属膜片固定于边缘构件之上，既作为维护结构，又作为承重结构参与整体承受荷载；或在张力状态下，将膜片固定于骨架结构之上，形成空间块体结构，覆盖跨度。

3.施加预应力的方法

施加预应力的方法主要有以下四类：

（1）钢索张拉法

在结构体系中布置索系，通过千斤顶张拉索端在结构中产生卸载应力而受益，这是国内外应用广泛、技术成熟的一种工艺。但索端必须有锚头固定，增大了材耗，且需张力设备等，增加了施工成本。

（2）支座位移法

在连续梁和超静定结构中，人为地强迫支座位移（垂直或水平移位）、改变支座设计位置，可调整内力、降低弯矩峰值、减小结构截面面积。这种方法可节省钢索、锚头等附加材耗及张拉工艺，适用于地基基础较好的工程。

（3）弹性变形法

钢材在弹性变形条件下，将组成结构的杆件和板件连成整体。卸除强制外力后，结构内出现恢复力产生的有益预应力。这一方法多用于工厂生产制造过程中，可生产预应力构件产品，以供应市场。

（4）手工简易法

手工简易法用于中、小跨径,施加张力不大的情况下,如拧紧螺母张拉拉杆,用正反扣螺栓横向推拉拉索产生张力等手工操作法,简易可行,便于推广,适用地区广泛。

4.预应力技术的优点

通过预应力技术可以改变结构的受力状态,满足设计人员所要求的结构刚度、内力分布和位移控制。

通过预应力技术可以构成新的结构体系和结构形态（形式）,如索穹顶结构等。可以说,没有预应力技术,就没有索穹顶结构。

预应力技术可以作为预制构件（单元杆件或组合构件）装配的手段,从而形成一种新型的结构,如弓式预应力钢结构。

采用预应力技术后,或可组成一种杂交的空间结构,或可构成一种全新的空间结构,其结构的用钢指标比原结构或一般结构可大幅度降低,具有明显的技术经济效益。

第二节 BIM技术与建筑施工技术应用

一、BIM技术概述

（一）BIM技术的概念

目前,国内外关于BIM的定义或解释有多种版本,以下介绍几种常用的BIM定义。

（1）麦克格劳·希尔集团的定义。麦克格劳·希尔集团在2009年的一份BIM市场报告中,将BIM定义为:"BIM是利用数字模型对项目进行设计、施工和运营的过程。"

(2)美国国家BIM标准的定义。美国国家BIM标准(NBIMS)对BIM的含义进行了4个层面的解释:BIM是一个设施(建设项目)物理和功能特性的数字表达;一个共享的知识资源;一个分享有关这个设施的信息,为该设施从概念到拆除的全生命周期中的所有决策提供可靠依据的过程;在项目不同阶段,不同利益相关方通过在BIM中插入、提取、更新和修改信息,以支持和反映其各自职责的协同作业。

(3)国际标准化组织设施信息委员会的定义。国际标准化组织设施信息委员会将BIM定义为:"BIM是利用开放的行业标准,对设施的物理和功能特性及其相关的项目生命周期信息进行数字化形式的表现,从而为项目决策提供支持,有利于更好地实现项目的价值。"其在补充说明中强调,BIM将所有的相关方面集成在一个连贯有序的数据组织中,相关的应用软件在被许可的情况下,可以获取、修改或增加数据。

根据以上定义、相关文献及资料,我们将BIM的含义总结如下:

BIM是以三维数字技术为基础,集成了建筑工程项目各种相关信息的工程数据模型,是对工程项目设施实体与功能特性的数字化表达。

BIM是一个完善的信息模型,能够连接建筑项目生命周期不同阶段的数据、过程和资源,是对工程对象的完整描述,提供可自动计算、查询、组合拆分的实时工程数据,可被建设项目各参与方普遍使用。

BIM具有单一工程数据源,可解决分布式、异构工程数据之间的一致性和全局共享问题,支持建设项目生命周期中动态的工程信息创建、管理和共享,是项目实时的共享数据平台。

(二)BIM技术的特点

1.完备性

除了对工程对象进行3D几何信息和拓扑关系的描述外,还包括完整的工程信息描述。例如,对象名称、结构类型、建筑材料、工程性能等设计信息;施工进度、成本、质量以及人力、机械、材料资源等施工信息;工程安全性能、材料耐久性能等维护信息;对象之间的工程逻辑关系等。

2.关联性

信息模型中的对象是可识别且相互关联的,系统能够对模型的信息进行统计和分析,并生成相应的图形和文档。如果模型中的某个对象发生变化,与之关联的所有对象都会随之更新,以保持模型的完整性。

3.一致性

在建筑生命周期的不同阶段,模型信息是一致的,同一信息无须重复输入,而且信息模型能够自动演化。模型对象在不同阶段可以简单地进行修改和扩展,而无须重新创建,这样避免了信息不一致的错误。

4.可视化

BIM提供了可视化的思路,让以往在图纸上线条式的构件变成一种三维的立体实物形式展示在人们的面前。BIM的可视化是一种能够同构件之间形成互动性的可视,可以用作展示效果图及生成报表。更具应用价值的是,在项目设计、建造、运营过程中,各过程的BIM通过讨论、决策都能在可视化的状态下进行。

5.协调性

在建筑设计时,由于各专业设计师之间的沟通不到位,往往会出现施工中各种专业之间的碰撞问题。例如,结构设计的梁等构件在施工中妨碍暖通等专业中的管道布置等。BIM建筑信息模型可在建筑物建造前期,将各专业模型汇集在一个整体中,进行碰撞检查,并生成碰撞检测报告及协调数据。

6.模拟性

BIM不仅可以模拟设计出建筑物模型,还可以模拟难以在真实世界中进行操作的事物。具体表现如下:

在设计阶段,BIM可以对设计上所需的数据进行模拟试验。例如,节能模拟、日照模拟、热能传导模拟等。

在招投标及施工阶段,BIM可以进行4D模拟(3D模型中加入项目的发展时间),根据施工的组织设计来模拟实际施工,从而确定合理的施工方案。此外,还可以进行5D模拟(4D模型中加入造价控制),从而实现成本控制。

后期运营阶段,BIM可以对突发紧急情况的处理方式进行模拟。例如,模拟地震中人员逃生及火灾现场人员疏散等。

7.优化性

整个设计、施工、运营的过程,其实就是一个不断优化的过程,没有准确的信息是做不出成果的。BIM模型提供了建筑物存在的实际信息,包括几何信息、物理信息等,还提供了建筑物变化以后的实际存在信息。BIM及与其配套的各种优化工具提供了项目进行优化的可能,把项目设计和投资回报分析结合起来,计算出设计变化对投资回报的影响,使得业主明确哪种项目设计方案更有利于自身的需求;对设计施工方案进行优化,可以显著地缩短工期和降低造价。

8.可出图性

BIM可以自动生成常用的建筑设计图纸及构件加工图纸。通过对建筑物进行可视化展示、协调、模拟及优化,可以帮助业主生成消除碰撞点、优化后的综合管线图,生成综合结构预留洞图、碰撞检查侦错报告及改进方案等。

二、BIM模型的建立与维护

在建设项目中,需要记录和处理大量的图形和文字信息。传统的数据集成是以二维图纸和书面文字进行记录的,但引入BIM技术后,可以将原本的二维图形和书面信息进行集中收录与管理。在BIM中,"I"为BIM的核心理念,也就是"Information",它将工程中庞杂的数据进行了行之有效的分类与归总,使工程建设变得顺利,减少和消除了工程中出现的问题。

但需要强调的是,在BIM的应用中,模型是信息的载体,没有模型的信息是不能反映工程项目的内容的。所以,在BIM中,"M"(Modeling)也具有相当的价值,应受到相应的重视。BIM模型建立的优劣,会对将要实施的项目在进度和质量上产生很大的影响。BIM是贯穿整个建筑全生命周期的,在初始阶段的问题,将会被一直延续到工程的结束。同时,失去模型这个信息的载体,数据本身的实用性与可信度将会大打折扣。所以,在建立 BIM 模型之前,一定要建立完备的流程,并在项目进行的过程中,对模型进行相应的维护,以确保建设项目能安全、准确、高效地进行。

在工程开始阶段,由设计单位向总承包单位提供设计图纸、设备信息和 BIM 创建所需的数据,总承包单位对图纸进行仔细地核对和完善,并建立 BIM 模型。在完成根据图纸建立的初步 BIM 模型后,总承包单位应组织设计和业主代表召开 BIM 模型及相关资料法人交接会,对设计提供的数据进行核对,并根据设计和业主的补充信息,完善 BIM 模型。在整个 BIM 模型创建及项目运行期间,总承包单位将严格遵循经建设单位批准的 BIM 文件命名规则。

在施工阶段,总承包单位负责对 BIM 模型进行维护、实时更新,确保 BIM 模型中的信息正确无误,保证施工的顺利进行。模型的维护主要包括以下几个方面:根据施工过程中的设计变更及深化设计,及时修改、完善 BIM 模型;根据施工现场的实际进度,及时修改、更新 BIM 模型;根据业主对工期节点的要求,上报业主与施工进度和设计变更相一致的 BIM 模型。

在 BIM 模型创建及维护的过程中,应保证 BIM 数据的安全性。建议采用以下数据安全管理措施:BIM 小组采用独立的内部局域网,阻断与互联网的连接;局域网内部采用真实的身份验证,非 BIM 工作组成员无法登录该局域网,进而无法访问网站数据;BIM 小组进行严格分工,数据存储按照分工和不同用户等级设定访问与修改权限;全部 BIM 数据进行加密,设置内部交流平台,对平台数据进行加密,防止信息外漏;BIM 工作组的电脑全部安装密码锁进行保护,工作组单独安排办公室,无关人员不能入内。

三、BIM 施工技术应用

(一)BIM 施工模拟

1.BIM 施工方案模拟

通过 BIM 技术建立建筑物的几何模型和施工过程模型,可以实现对施工方案进行实时、交互和逼真的模拟,进而对已有的施工方案进行验证、优化和完善,逐步代替传统的施工方案编制方式和方案操作流程。在对施工过程进行三维模拟操作中,能预知在实际施工过程中可能碰到的问题,提前避免和减少返工以及资源浪费的现象,优化施工方案,合理配置施工资源,节省施工成本,加快施工进度,控制施工质量,达到提高建筑施工效率的目的。

(1)施工方案模拟流程

在建筑工程项目中使用虚拟施工技术,将会是一个庞杂繁复的系统工程。其中,包括了建立建筑结构三维模型、搭建虚拟施工环境、定义建筑构件的先后顺序、对施工过程进行虚拟仿真、管线综合碰撞检测以及最优方案判定等不同阶段,同时也涉及了建筑、结构、水暖电、安装等不同专业、不同人员之间的信息共享和协同工作。

(2)BIM施工方案模拟技术应用

施工方案模拟应用于建筑工程实践中,首先需要应用BIM软件Revit创建三维数字化建筑模型;然后,可从该模型中自动生成二维图形信息及大量相关的非图形化的工程项目数据信息。借助Revit强大的三维模型立体化效果和参数化设计能力,可以协调整个建筑工程项目的信息管理,增强与客户的沟通能力,及时获得包括项目设计、工作量、进度和运算方面的信息反馈,在很大程度上减少协调文档和数据信息不一致所造成的资源浪费。用Revit根据所创建的BIM模型,可方便地转换为具有真实属性的建筑构件,促使视觉形体研究与真实的建筑构件相关联,从而实现BIM中的虚拟施工技术。

结合BIM技术,通过Revit软件和Navisworks软件,以下对在建的上海某超高层建筑的部分施工过程进行模拟,探讨基于BIM的虚拟施工方案在建筑施工中的应用。

某超高层建筑主楼地下4层,地上120层,总高度633m。竖向分为9个功能区,1区为大厅、商业、会议、餐饮区,2~8区为办公区,9区为观光区,9区以上为屋顶皇冠。其中,1~8区顶部为设备避难层。外墙采用双层玻璃幕墙,内外幕墙之间形成垂直中庭。裙房地下5层,地上5层,高38m。

项目的 BIM 技术应用过程中,总包单位作为项目 BIM 技术管理体系的核心,从设计单位拿到 BIM 的设计模型后,先将模型拆分给各个专业分包单位进行专业深化设计,深化完成后汇总到总包单位,并采用 Navisworks 软件对结构预留、隔墙位置、综合管线等进行碰撞校验,各分包单位在总包单位的统一领导下不断深化、完善施工模型,使之能够直接指导工程实践,不断完善施工方案。另外,Navisworks 软件还可以实现对模型进行实时的可视化、漫游与体验;可以实现四维施工模拟,确定工程各项工作的开展顺序、持续时间及相互关系,反映各专业的竣工进度与预测进度,从而指导现场施工。

在工程项目施工过程中,各专业分包单位要加强维护和应用 BIM 模型,按要求及时更新和深化 BIM 模型,并提交相应的 BIM 技术应用成果。对于复杂的节点,除利用 BIM 模型检查施工完成后是否有冲突外,还要模拟施工安装的过程,避免后安装构/配件由于运行路线受阻、操作空间不足等问题而无法施工。

根据用三维建模软件 Revit 建立的 BIM 施工模型,构建合理的施工工序和材料进场管理,进而编制详细的施工进度计划,制定施工方案,便于指导项目工程施工。

按照已制订的施工进度计划,再结合 Autodesk Navisworks 仿真优化工具来实现施工过程的三维模拟。通过三维的仿真模拟,可以提前发现并避免在实际施工中可能遇到的各种问题,如机电管线碰撞、构件安装错位等,以便指导现场施工和制定最佳施工方案,从整体上提高建筑的施工效率,确保施工质量,消除安全隐患,并有助于降低施工成本和减少时间消耗。

对于结构体系复杂、施工难度大的结构,结构施工方案的合理性与施工技术的安全可靠性都需要验证。为此,利用 BIM 技术建立试验模型,对施工方案进行动态展示,从而为试验提供模型基础信息。

(3)BIM 施工方案模拟应用案例

第一,概况。

本案例施工任务是挖出一个长 60m、宽 20m、深度为 5.5m 的坑,用作地下车库的基坑。施工时,将分成4块区域,分别由四台挖掘机进行开挖。

第二,施工仿真步骤。

确定制作施工模拟的步骤:①前期数据收集以及编制施工进度;②建立Revit场地模型;③设计施工机械模型;④完成4D施工模拟制作。

前期数据收集以及编辑施工进度:①前期所要收集的数据包括通过全站仪或者GPS测量出的场地地理坐标以及长方形基坑四周的高程点坐标。②接下来要制定施工方案,详见表5-1。

表5-1　施工方案

施工阶段	施工时间	施工任务	施工安排
1	8月16日	第一层土方(25.5~26.5)	
2	8月17日	第二层土方(24.4~25.5)	
3	8月18日	第三层土方(23.3~24.4)	挖掘机4辆;卡车8辆;人员若干
4	8月19日	第四层土方(22.2~23.3)	
5	8月20日	第五层土方(21.1~22.2)	
6	8月21日	第六层土方(20.0~21.1)	

建立场地模型:①将全站仪或者GPS测量出的场地高程点坐标文件存为TXT格式,之后将其导入Revit中,利用Revit中的场地选项,建立场地表面模型。②通过测量的坐标确定出基坑的位置并在二维平面图上标出,用"建筑地坪"命令创建出一个基坑模型。③通过Revit中的体量功能,创建各种施工车辆的模型,也可以到网络族库中下载得到。挖掘机构件较复杂,可由CAD或Inventor制作之后,以DWG文件格式导入到Revit中进行应用。同时,这些族文件需要通过场地构件的方式导入Revit,否则这些施工车辆模型会产生不能与场地贴合的问题。④建立土方模型。为了便于用Navisworks进行施工模拟,基坑内土方模型可以用楼板来建立,或者用内建模型,只需要将楼板(或体量)的材质调为土层即可。由实际土方挖运的顺序逆向建立土方模型,即从第六层开始,按照标高的顺序,填满每一层一直到第一层。注意第一层的土方不要铺满,应随

地面坡度适量增减,最后使楼板创建的土方量等于实际所挖土方量即可,这样可以表现出地形的高低变化趋势从而模拟场地的原始状态。在本案例中,兼顾工作量和仿真的真实性,即用若干块长度为7.5m、宽度为2.5m、厚度为1.1m的楼板块(土方)填满基坑。

同时,在创建土方模型期间,要对每块土方进行命名,命名时要考虑的因素有:所在的工作区域、所在的层数以及挖运的顺序。例如,蓝色土方为4-1-1号土方,即表示4号挖土机所工作的4区域的第1层挖运工作中的第一块土方。这样的命名工作,可以使以后的Navisworks动画模拟处理起来更加方便、快捷。

第三,施工模拟动画的制作。

①Timeliner处理。施工过程可视化模拟可以日、周、月为时间单位,按不同的时间间隔对施工进度进行正序模拟,形象地反映施工计划和实际进度。先用Microsoft project建立较为具体的土方挖运工作进度安排表,工作进度安排表需要细化到每一块土方,即每一块土方都要建立与自身相对应的任务。由于土方挖运的工期较短,因此,每一块土方挖除的开始和结束时间都要精确到小时,并且土方的任务类型都是"拆除",再通过Navisworks中的数据源选项,将其导入Navisworks中的Timeliner。

②Animation设计。在Animation中创建动画,先后捕捉挖掘机、卡车等场地构件,用旋转、平移等命令,模拟施工车辆工作的动画。制作Animation的过程中,需要统筹施工车辆调度,即如果卡车数量太少,挖掘机挖出的土方装满卡车以后,卡车要有一个运出土方的过程,没有另外的卡车及时补上的话,势必造成挖掘机停工现象,降低工作效率。

由此可以设计出优化方案,即挖掘机挖土运送到卡车上,卡车装满之后将土方运走,另一辆卡车在前一辆卡车运土之前及时补上,同时还要注意避免运送土方的卡车数量过多所造成的施工道路拥挤情况。通过这样的分析得出的车辆优化工作方案可以避免挖掘机暂时停工的现象,提高施工效率。设计动画的过程中要调度好各类车辆,在Animation中安排好时间分配,以实现效率的最大化。除此以外,还可以制作视点动画以及漫游动画,后期处理时与施工车辆调度动画一起添加到Timeliner

中,使制作出来的动画更具立体感、画面感与层次感,并且可以全方位展示施工现场。

制作完成基坑挖运的施工模拟后,用Navisworks中的presenter渲染功能对场景进行渲染,再以AVI格式导出,即可得到施工模拟的4D动画了。另外,导出动画的时候用presenter导出可以使动画的效果更具真实感。

基于BIM施工仿真模拟的优势如下:

三维可视化功能再加上时间维度,可以进行包括基坑工程在内任意施工形式的施工模拟。同时有效的协同工作,打破基坑设计、施工和监测之间的传统隔阂,实现多方无障碍的信息共享,让不同的团队可以共同工作,通过添加时间轴的4D变形动画,可以准确判断基坑的变形趋势,让工程施工阶段的任意人群,如施工方、监理方,甚至非工程行业出身的业主及领导,都能掌握基坑工程实施的形式以及运作方式。

通过输入实际施工计划与计划施工计划,可以直观快速地将施工计划与实际进展进行对比。这样,能够将BIM技术与施工方案、施工模拟和现场视频监测相结合,减少建筑质量问题与安全问题。同时,通过三维可视化沟通能够加强管理团队对成本、进度计划及质量的直观控制,提高工作效率,降低差错率,减少现场返工,节约投资,从而给使用者带来新增价值。

通过在Animation中对施工车辆工作时间、工作方式的设计,克服了以往做Navisworks动画时施工项目与施工机械相隔离的缺点,使Animation不仅仅停留在动画设计的功能上,更能用来分析施工现场,提高工作效率等,这样就能使案例中基坑挖运的整个过程更具可读性和真实性。

由于工期相对较短,模拟难度较大,因此,基坑挖运通常是被制作者忽视的环节。但是在整个建筑施工过程中,基坑挖运的确是不可或缺的重要部分,在本案例建立Revit模型时,也可以添加进防沙板、活动屋等场地构件,或者应用Civil3D对场地进行更加细致的处理,这样还会使场地模型更加真实。另外,用Navisworks进行动画制作时,可以用统筹学的知识对施工车辆调度进行优化,甚至可以运用实际参数,运用相关理论计算施工车辆工作路线,制定细化到每一辆卡车与挖掘机的工作安排,进而可以进一步提高工作效率,体现了BIM信息一致化的特点,使项目更具可靠性和研究性。因此,做好基坑挖运的施工模拟,能更好地模拟整个施工过程,使施工模拟更加完整真实,这也就是项目的最大价值所在。

2. 钢构件虚拟拼装

钢构件虚拟拼装的优势在于:①省去大块预拼装场地。②节省预拼装临时支撑措施。③降低劳动力使用。④减少加工周期。

这些优势都能够直接转化为成本的节约,以经济的形式直接回报给加工企业,以工期节省的形式回报给施工和建设单位。

要实现钢构件的虚拟拼装,首先要实现实物结构的虚拟化。所谓实物虚拟化,就是要把真实的构件准确地转变成数字模型。这种工作依据构件的大小有各种不同的转变方法,目前直接可用的设备包括全站仪、三坐标检测仪、激光扫描仪等。

例如,某超高层工程中钢结构体积比较大,使用的是全站仪采集构件关键点数据,组合形成构件实体模型。

某钢网壳结构工程中,节点构件相对较小,使用三坐标检测仪进行数据采集,直接可在电脑中生成实物模型。

采集数据后,就需要分析实物产品模型与设计模型之间的差距。由于检测坐标值与设计坐标值的参照坐标系互不相同,在比较前必须将两套坐标值转化到同一个坐标系下。

利用空间解析几何及线性代数的一些理论和方法,可以将检测坐标值转化到设计坐标值的参照坐标系下,使得转化后的检测坐标与设计坐标尽可能地接近,也就使得节点的理论模型与实物的数字模型尽可能地重合,以便后续的数据比较。

分别计算每个控制点是否在规定的偏差范围,并在三维模型里逐个体现。通过这种方法,逐步用实物产品模型代替原有设计模型,形成实物模型组合,所有的不协调和问题就都能够在模型中反映,也就代替了原来的预拼装工作。这里需要强调的是两种模型互合的过程中,必须使用"最优化"理论求解。因为构件拼装时,工人会发挥主观能动性,调整构件到最合理的位置。

3.混凝土构件虚拟拼装

在预制混凝土构件生产完成后,其相关的实际数据(如预埋件的实际位置、窗框的实际位置等参数)需要反馈到 BIM 模型中,对预制构件的 BIM 模型进行修正,在出厂前需要对修正的预制构件进行虚拟拼装,旨在检查生产中的细微偏差对安装精度的影响,经虚拟拼装显示对安装精度影响在可控范围内,则可出厂进行现场安装;反之,不合格的预制构件则需要重新加工。

混凝土构件出厂前的预拼装和深化设计过程的预拼装不同,主要体现在:深化设计阶段的预拼装主要是检查深化设计的精度,其预拼装结果反馈到设计中对深化设计进行优化,可提高预制构件生产设计的水平,而出厂前的预拼装主要融合了生产中的实际偏差信息,其预拼装的结果反馈到实际生产中,对生产过程工艺进行优化,同时对不合格的预制构件进行报废,可提高预制构件生产加工的精度和质量。

(二)BIM 技术的施工场地布置及规划应用

1.施工场地布置的重要性

(1)促进安全文明施工

随着我国施工水平的不断提高,对安全文明施工的要求也越来越高。加强施工现场布置的管理,改善施工人员的作业条件,消除事故隐患,落实事故隐患整改措施,防止事故伤害的发生,这是极为重要的。施工项目部一般通过对现场的安全警示牌、围挡、材料堆放等建立统一标准,形成可进行推广的企业基准及规范,推动安全文明施工的建设。在建筑施工中,保证建筑施工的安全是保护施工人员人身安全和财产安全的基础,也是保证建筑工程能够顺利完工的前提条件,建筑施工的安全问题已经成为当前社会的焦点话题,我国也出台了相应的管理条例,以加强对我国建筑市场的控制,保证建筑施工的质量和安全,实现企业经济效益的前提是保证工作人员的安全,所以,在建筑施工的安全管理实际工作中,建筑施工企业和从业人员必须对此加以重视,才能提升施工企业的竞争力。基于 BIM 模型及搭建的各种临时设施,可以对施工场地进行布置,合理安排塔式起重机、库房、加工场地和生活区,从而解决场地划分问题。

（2）保障施工计划的执行

对施工现场合理规划,是保障施工正常进行的需要。以往在施工过程中,往往存在材料乱堆乱放、机械设备安置位置妨碍施工的情况,为进行下一步的施工必须将材料设备挪来挪去,影响施工的正常进行。BIM技术的施工场地布置,要求在设计之初便考虑施工过程的材料以及机械设备的使用情况,合理进行材料的堆放。通过确定最优路径等方法,为施工提供便利。

（3）有效控制现场成本支出

在施工过程中,由于场地狭小等原因,会产生大量的二次搬运费,将成品和半成品通过小车或人力进行第二次或多次的转运,会产生大量的二次搬运费,增加项目的成本支出。BIM技术在施工场地布置的时候结合施工进度,合理地对材料进行堆放,减少因二次搬运而产生的费用,降低施工成本。

2.基于BIM的施工场地布置应用研究

（1）建立安全文明施工设施BIM构件库

借助BIM技术对施工场地的安全文明施工设施进行建模,并进行尺寸、材料等相关信息的标注,形成统一的安全文明施工设施库。施工现场常用的安全防护设施、加工棚、卸料平台防护、用电设施、施工通道等设施,都可以通过BIM软件的族功能,建立各种施工设施的BIM族库,并且对于尺寸、材质等准确标注,为施工设施的制作提供数据支持。

随着企业BIM族库的不断丰富,施工现场设施布置也会变得简单。将所有的族文件进行分类整理,然后建立BIM构件库。在进行施工现场的三维模型建立时,可以将构件随意拖进三维模型中,建立丰富的施工现场BIM模型,为施工现场布置提供可视化参照。

（2）现场机械设备管理

在施工过程中会用到各种各样的重型施工机械,大型施工设备的进场和安置是施工场地布置的重要环节。传统的二维CAD施工平面设计只能二维显示施工的作业半径,像塔式起重机的作业半径、起重机的使用范围等。基于BIM技术的二维施工机械布置,则可以在更多方面进行应用。

(3)施工机械设备进场模拟

施工机械体积庞大,施工现场的既有设施、施工道路等,可能会阻碍施工设备的进场。依托BIM技术,设置施工机械进场路径,找出施工机械在整个进场环节中的碰撞点,再进行进场路径的重新规划或者碰撞位置的调整,确保施工设备在进场过程中不出现任何问题。

施工机械的固定验算:施工企业对施工机械的现场固定要求较高,像塔式起重机等设备,在固定前都要进行施工受力验算,以确保在施工过程中能够保证塔式起重机的稳定性。借助BIM技术对施工现场的塔式起重机固定进行校验和检查,可以保证塔式起重机基座和固定件的施工质量,确保塔式起重机施工过程中的稳定性。

成本控制:BIM技术的优势在于其信息的可流转性,一个BIM模型不仅包含构件的三维样式,更重要的是其所涵盖的信息,包括尺寸、重量、材料类型以及材料生产厂家等。在使用BIM软件进行场地建模之后,可以将布置过程中所使用的施工机械设备数量、临电临水管线长度、场地硬化混凝土工程量等一系列数据进行统计,形成可靠的工程量统计数据,为工程造价提供可靠依据。通过在软件中选择要进行统计的构件,设置要显示的字段等信息,输出工程量清单计算表。

(4)碰撞检测

施工现场总平面布置模型中,需要做碰撞检查的主要内容如下:

①物料、机械堆放布置,进行相应的碰撞检查,检查施工机械设备之间是否有冲突、施工机械设备与材料堆放场地的距离是否合理。

②道路的规划布置,检查所用的道路与施工道路尽量不交叉或者少交叉,以此保证施工现场的安全生产。

③临时水电布置,既要避免与施工现场固定式的机械设备的布置发生冲突,也要避免施工机械,如吊臂等与高压线发生碰撞。

以上情况都可以应用BIM软件进行漫游和浏览,及时发现危险源并采取措施。

(5)现场人流管理

①数字化表达。采用三维的模型展示,以 Revit、Navisworks 为模型建模、动画演示软件平台。这些模拟可能包括人流的疏散模拟,根据道路的交通要求、各种消防规范的安全系数对建筑物的要求等进行模拟。工作采用总体协调的方式,即在全部专业合并后所整合的模型(包括建筑、结构、机电)中,使用 Navisworks 的漫游、动画模拟功能,按照规范要求、方案要求和具体工程要求,检验建筑物各处人员或者车辆的交通流向情况,并生成相关的影音、图片文件。采用软件模拟,专业工程师可在模拟过程中发现问题、记录问题、解决问题,进行重新修订方案和模型的过程管理。

②模型要求。对于需要做人流模拟的模型,需要先定义模型的深度,模型的深度按照 LOD 100~LOD 500 的程度来建模。

③交通道路模拟。交通道路模拟结合 3D 场地、机械、设备模型进行现场场地的机械运输路线规划模拟。交通道路模拟可提供图形的模拟设计和视频,以及三维可视化工具的分析结果。

按照实际方案和规范要求(在模拟前的场地建模中,模型就已经按照相关规范要求与施工方案,做到符合要求的尺寸模式),利用 Navisworks 在整个场地、建筑物、临时设施、宿舍区、生活区、办公区模拟人员流向、人员疏散、车辆交通规划,并在实际施工中同步跟踪,科学地分析相关数据。

交通道路模拟中,机械碰撞行为是最基本的行为。如道路宽度、建筑物高度、车辆本身的尺寸与周边建筑设备的影响、车辆的回转半径、转弯道路的半径模拟,都将作为模拟分析的要点,分析出交通运输的最佳状态,并同步修改模型内容。

交通及人流模拟要求:①使用 Revit 建模导出 NWE 格式的图形文件,并导入 Navisworks 中进行模拟;②Navisworks 三维动画视觉效果展示交通人流运动碰撞时的场景;③按照相关规范要求、消防要求、建筑设计规范等,并按照施工方案指导模拟;④构筑物区域分解,同时展示各区域的交通流向、人员逃生路径;⑤准确确定在碰撞发生后需要修改处的正确尺寸。

参考文献

[1]常建立,曹智.建筑工程施工技术(下)[M].北京:北京理工大学出版社,2017.

[2]程国强.BIM改变了什么 BIM+建筑施工[M].北京:机械工业出版社,2018.

[3]何相如,王庆印,张英杰.建筑工程施工技术及应用实践[M].长春:吉林科学技术出版社,2021.

[4]黄兰,马惠香.BIM应用[M].北京:北京理工大学出版社,2018.

[5]廖玲.建筑工程施工技术研究[M].哈尔滨:东北林业大学出版社,2020.

[6]刘向宇.建筑工程施工技术[M].北京:清华大学出版社,2019.

[7]刘永新,陈丙军.建筑工程施工技术与管理概论[M].天津:天津科学技术出版社,2013.

[8]刘勇,高景光,刘福臣,等.地基与基础工程施工技术[M].郑州:黄河水利出版社,2018.

[9]鲁雷,高始慧,刘国华.建筑工程施工技术[M].武汉:武汉大学出版社,2016.

[10]聂昊,任广林.BIM技术在绿色建筑设计中的应用[J].中国建筑装饰装修,2023(9):62-64.

[11]商建东.浅析现代房屋建筑地基基础工程施工技术[J].中国住宅

设施,2023(3):118-120.

[12]陶杰,彭浩明,高新.土木工程施工技术[M].北京:北京理工大学出版社,2020.

[13]王丽梅,任粟,邓明栩.建筑工程施工技术[M].成都:西南交通大学出版社,2015.

[14]王兴波.建筑主体结构工程施工技术要点探析[J].居舍,2022(5):91-93.

[15]王长青.建筑工程施工技术基本理论研究[M].长春:吉林科学技术出版社,2019.

[16]谢昀洋,唐锦涛,褚红超,等.建筑地基基础工程施工技术研究[J].中国住宅设施,2022(10):142-144.

[17]徐伟,吴水根,叶可明,等.建筑工程施工[M].上海:同济大学出版社,2013.

[18]杨绍红,沈志翔.绿色建筑理念下的建筑工程设计与施工技术[M].北京:北京工业大学出版社,2019.

[19]张钢,郭诗惠.建筑工程施工技术[M].上海:同济大学出版社,2009.

[20]张志伟,李东,姚非.建筑工程与施工技术研究[M].长春:吉林科学技术出版社,2021.

[21]赵永杰,张恒博,赵宇.绿色建筑施工技术[M].长春:吉林科学技术出版社,2019.

[22]周国恩,周兆银.建筑工程施工技术[M].重庆:重庆大学出版社,2011.

[23]周太平.建筑工程施工技术[M].重庆:重庆大学出版社,2019.